經營顧問叢書 ㉔⑤

企業危機應對實戰技巧

林松樹　編著

憲業企管顧問有限公司　發行

《企業危機應對實戰技巧》

序 言

居安思危，未雨綢繆，面對危機，擺脫困境，這就是我們撰寫《企業危機應對實戰技巧》之目的。

《企業危機應對實戰技巧》一書分析企業危機的性質，指出解決企業危機的具體工作與實施步驟，搭配企業危機案例說明，企業可從容引用具體作法，克服企業危機。

為什麼有些企業會發生危機，而有些企業沒有發生？在同樣的危機面前，為什麼有的企業可以從容自如，在最短時間內從危機中走出來，甚至可以化危為機，而有的企業卻用沉默來回避危機，甚至手足無措，結果損失慘重？

危機結束後，為什麼有些企業始終走不出危機的陰影？而有些企業卻能夠以此為契機進行調整，然後快速發展？毫無疑問，是企業面對危機的心態、處理危機事件的能力、危機事件的應對策略、危機事件的管理方案，決定了企業危機事件之後的不同結果。

魏文王問名醫扁鵲說：「你們家兄弟三人，都精於醫術，到底那一位最好呢？」

扁鵲答說：「大哥最好，二哥次之，我最差。」

文王再問：「那麼為什麼你最出名呢？」

扁鵲答說：「我大哥治病，是治病於病情發作之前。由於一般人不知道他事先能剷除病因，所以他的名氣無法傳出去，只有我們家的人才知道。我二哥治病，是治病於病情初起之時。一般人以為他只能治輕微的小病，所以他的名氣只及於本鄉裏。而我扁鵲治病，是治病於病情嚴重之時。一般人都看到我在經脈上穿針管來放血、在皮膚上敷藥等大手術，所以以為我的醫術高明，名氣因此響遍全國。」

危機對於任何一家企業來說都是一種常態，而不是意外，誰也無法預料危機會在什麼時候、什麼地點以什麼方式爆發。而聰明的企業卻知道，最好的危機管理策略就如扁鵲大哥的治病方式一樣，診出隱患之根，化於萌芽之中，良醫治未病比巧手化重疾更重要。

「防患於未然」，危機管理的功夫首先在於預防。就企業危機管理而言，「防火」勝於「救火」，當「火災」發生以後，再去撲救，造成的損失已經成為既成事實。所以，對於企業而言，明智之舉是不使這種「火災」發生，及早發現危機的某些早期徵兆，將危機消除在萌芽狀態。優秀的企業都有很強的危機預防意識。

韓國三星電視機由於企業的疏忽，造成了媒體的誤讀和質

疑，三星第一時間站出來誠懇地道歉，並且全面而詳細地與外界坦誠交流，表述清楚事情的原委，大家都包容地接受了企業的真誠。

在充滿變數的現代市場經濟中，危機管理已成為現代企業管理的必修課程。卓越的企業家往往能夠在正確把握戰略思維的基礎上從容面對危機的阻力。

無論你是多麼知名的企業，都不可能不遇到危機，但面對危機該怎麼辦？企業必須牢牢樹立危機意識，不斷加強危機管理，盡可能地減少企業危機所帶來的損失，才能使企業在市場競爭中立於不敗之地，才能促使企業快速、持續、健康的成長。很多企業是出了事以後才想到危機公關。有些危機是可以通過技術和專業手段去修補和完善的，有些危機則從本質上就有先天的缺陷，任何方式和手段其實都是徒勞。誠懇地認錯、及時地改正，並且面對現實，接受現實是最好的危機解決方案。

本書每章都列舉各類型的危機案例，目的在於使讀者能夠通過案例學習以往的經驗教訓，來增強危機管理能力。同時，案例比一般的準則記起來更快，更容易與人分享交流，也更具有說服力。

《企業危機應對實戰技巧》

目　錄

第 1 章

危機管理概述

第一節　危機的類型

危機從不同角度可以劃分出多種類型：從危機的表現上劃分爲災變危機、運行危機、形象危機、媒體危機幾種類型；從危機產生的原因上分有自然危機、管理危機、經營危機、運營危機；以危機的範圍爲分類標準，可以將危機劃分成內部危機和外部危機。

1.外部危機

外部危機是由組織外部原因導致的，對組織的具體運營和生產經營造成不利影響的危機，如政治危機、經濟危機、自然危機、併購危機、社會危機、產業和科技進步危機等。

⑴政治危機

由於政治因素引起的組織危機，如政府更迭、政府禁令、

國與國之間的政治關係破裂、政府間的經貿摩擦等。如中美之間 2001 年南海撞機事件而突發的危機、2005 年 3 月吉爾吉斯斯坦發生的國家內亂危機等。

⑵社會危機

由於社會因素導致的危機，如傳染病、社會輿論、戰爭等。例如，2003 年伊拉克戰爭、2003 年的 SARS 病毒傳播危機等，為有關國家及組織的生產和生活甚至心理上都造成了較大的危害和傷害。

⑶經濟危機

由於經濟因素導致的危機。任何一次經濟危機都會使許多的組織無法繼續生存下去。例如，1933 年世界經濟大蕭條，20 世紀 80 年代海南房地產市場泡沫危機，1997 年爆發的亞洲金融風暴危機等。

⑷自然危機

由於自然環境因素導致的組織經營危機，如地震、水災、旱災、病蟲害等。2005 年美國南加州的暴風雪侵襲亦造成極大的災害，尤其是 2005 年的印度洋海嘯在極短的時間內即奪去了數十萬人的生命。

⑸高科技引發的危機

進入 21 世紀後，以網際網路為代表的數字化革命日新月異，產業競爭明顯加劇。隨著科技的進步，人們對各種疾病及導致疾病的原因有了更為深刻的認識，尤其是檢測手段和技能的提高，將實際上存在的潛在威脅因素檢測出來，從而導致組織危機的發生。如 2005 年 4 月中旬，由傳媒報導高露潔、潔

諾、黑人牙膏「被檢測含三氯生致癌事件」，2005 年 3 月寶潔「SK-Ⅱ產品誇大宣傳及人身傷害」而被撤櫃事件等。

2.內部危機

由組織內部原因導致的、對日常運營和經營產生危害或潛在危害的危機。

⑴組織戰略危機

隨著生產規模的擴大和市場網路的拓展，一些組織跨地區甚至跨國銷售產品。由於忽視或者不瞭解所涉足區域或國家當地文化傳統、消費偏好，以及對組織未來發展判斷失誤從而制定出不切實際的組織戰略而導致的失誤。如三株集團的盲目擴張，2004 年耐克公司在中國播放的「恐懼鬥室」廣告、豐田「霸道廣告」事件危機等。

⑵組織人才危機

21 世紀最重要的是人才。如果組織非正常地出現高層人才流失和集體跳槽事件，那麼對組織後續發展影響非常不利。這裏的人才包含兩方面，一方面指由於高管之間意見不和產生分歧、公開發表不良的演說或被除名、行賄受賄等行爲而產生的危機，例如，美國安然公司醜聞、朗訊公司高管行賄事件、惠普前 CEO 卡莉因業績問題被董事會辭退事件。

⑶企業財務危機

組織過快擴張或者經營不善等導致財務資金嚴重不足、無資金來源以及銀行突然停貸而導致資金鏈斷裂而產生的危機。這樣的危機往往是致命的，足以葬送一個組織。

如中國最大民營企業、資本炒作高手「德隆系」的崩塌，

金正 DVD 資金鏈崩潰，熊貓易美手機財務危機等都是這樣的典型案例。

⑷生產安全危機

由於安全意識淡薄、工作過程麻痹或者根本就不具備生產條件而擅自開工所導致的生產事故，頻發的惡性礦難。

⑸企業形象及信譽危機

組織遭遇突發事件或被競爭對手和已離職員工的惡意攻擊和誹謗、組織在產品品質上、商標使用上缺乏規範或者商標被惡意搶注、企業被法律訴訟等產生的危機。例如，格蘭仕公司產品因宣傳誇大被罰款，西門子在海外搶注海信商標、三菱「帕傑羅」危機、東芝「筆記本缺陷」、本田雅閣因零件缺陷被召回事件等。

⑹勞資關係危機

拖欠工人工資、不承諾應支付的福利、故意加強工人的勞動強度等原因引起勞資關係破裂，產生工人集體罷工、消極怠工等情況。

⑺商業機密危機

組織賴以生存的或者對組織具有重要作用的商業機密被洩露，而嚴重影響組織業務開展或者組織遭受重大損失的危機。如組織內部員工洩密和組織自身管理不善而被其他組織竊取機密等。

⑻併購危機

在外部公共關係方面，對於組織之間的併購行為，主要存在這樣幾種：一是外界對併購方的整合能力的質疑；二是與被

併購方有很深的歷史情結；三是對組織人事變動高度敏感，特別是中高層的人事變動；四是對被併購方的信心問題；五是併購方與與被併購方不信任；六是兩種不現組織文化的衝突與碰撞，如不同體制之間的民營和國有以及不同地域之間的國內與國外文化觀念、價值的迥異等。

第二節　危機管理的原則

危機管理是一門科學，面對危機，管理者必須頭腦清醒、鎮定，遵循一定的處理原則和程序，妥善地、及時地處理危機。根據危機管理的特點，危機管理應遵循以下幾項主要原則。

1.預防為主的原則

危機管理是對危機事件全過程的管理，而危機的事前管理是危機管理中的重要環節。預先防範，有備無患。應對危機的最佳辦法就是努力將引發危機的各種隱患消滅在萌芽狀態，更好地轉移或縮減危機的來源，對危機的積極預防是控制潛在危機的根本與前提。對待危機要像奧斯本所說的那樣：「使用少量錢預防，而不是花大量錢治療。」

2.公共利益至上原則

危機管理最根本的理念在於公共利益。危機發生後，會危害到個人的利益、企業的利益、部門的利益和公共的利益。此時，公共利益應當居於首位。政府或組織在處理危機時，要從

全局的角度出發，站在廣大民眾的立場上來處理危機，做到局
部利益服從整體利益。通常情況下，危機可能是由局部的突發
事件引發的，但是危機的危害會影響到全局。因此，在處理危
機時，不能只考慮局部利益而犧牲全局利益。

3.坦誠溝通的原則

當危機爆發後，公眾最關注的並非是危機事件本身，而是
危機的管理機構對待危機的態度及採取的措施。因此，當危機
爆發後，如果政府或組織不能主動、積極與公眾進行有效溝通，
不遵循透明度原則而故意隱瞞事實真相，或謊報虛報災情，不
僅會招致公眾的憤怒、反感，而且會讓公眾在混亂的表像面前
產生種種猜疑誤解，甚至會出現謠言氾濫的局面，造成人心惶
惶、社會動盪。這樣一來，會使危機管理工作陷入更加複雜和
困難的境地。所以，在危機發生後，要及時與公眾溝通並講明
事實真相，以取得公眾的理解和配合。坦誠溝通的原則會使危
機管理工作更容易開展，使政府或組織處於更主動的地位。

中國在 2003 年處理 SARS 危機的初期則因爲沒有遵循坦
誠溝通原則而出現被動局面，造成社會上謠言四起、人心惶惶，
在重災區甚至出現外逃，居民瘋狂搶購商品等現象，使政府處
於被動局面。值得慶倖的是，政府及時發現了問題，採取了果
斷措施，每天公佈疫情最新進展，因而贏得民眾的理解和支援。

4.快速反應原則

危機的危害性很大，影響的範圍很廣。危機的危害性不僅
會造成生命和財產的損失，還會影響到社會和組織系統的正常
運轉，「千里之堤，潰於蟻穴」，如果不及時控制，將使組織多

年的苦心經營毀於一旦。同時，危機時刻，也是考驗政府或組織的整體素質和綜合能力的關鍵時刻。因此，危機爆發後，政府或組織必須快速做出反應，以最快的速度設立危機管理機構，迅速調動人力、財力和物力來實施救助行動。只有快速反應，才能及時地遏制危機影響範圍的進一步擴大，才能使危機造成的損失減少到最小。

美國遭到「9‧11」恐怖襲擊後，由於具備很完善的危機控制體系，在短暫的混亂後，全國便啟動了以副總統切尼為核心的危機管理機構。中國在處理 SARS 疫情的最初階段就是因為違反了這一原則而失去了控制 SARS 疫情的最佳時機，使疫情快速蔓延，SARS 也由局部的傳染病演變成為全國性的傳染病，SARS 的危害也由局部擴散到全國，使危機管理工作的難度大大增加。事實說明，危機管理必須堅持快速反應原則，要在最短的時間內做出正確的判斷，採取正確、有效的措施，這樣才能達到有效控制危機的目的。

5.統一指揮原則

危機爆發後，應立即明確指定一名主要領導人作為總指揮來專門負責應對突發事件的全面工作。在總指揮的領導下，危機管理機構對危機的控制和處理工作進行統一指揮、組織協調，避免由於多頭領導而造成矛盾和混亂，貽誤處理危機的最佳時機。另外，在對外聯絡與溝通方面，也要遵循統一指揮原則。危機管理機構要用一個聲音通報危機情況，保持口徑的一致性，避免出現由於口徑不一致，失去民眾信任而導致的被動局面。

6.善始善終原則

危機的爆發會給公眾帶來生命和財產的巨大損失，所以，一旦重大危機爆發，處理和控制危機便成為政府或組織的頭等大事。實際上，危機造成的不良影響或危害具有傳遞性，會在危機過後仍然存在。因此，政府或組織必須善始善終，做好危機的善後工作，包括對危機管理工作進行分析、總結，提出改進措施，開展對公眾進行損害補償和救濟工作，等等。危機的善後工作也是一項複雜的工作，工作做得好壞直接影響到政府或組織在公眾心目中的形象和地位。

危機管理應遵循的原則有很多，以上只是列出了其中的一些主要原則。危機管理者在遵循這些原則進行危機管理的過程中，應根據不同階段的工作特點，靈活地應用這些原則。

第三節　危機管理的目的

危機管理的一個特徵是「事態已經發展到不可控制的程度」，「一旦發生危機，時間因素非常關鍵，減小損失將是主要任務」。因此格林認為，危機管理的任務是盡可能控制事態，在危機中把損失控制在一定的範圍內，在事態失控後，要爭取重新控制住。

危機管理是指應對危機的有關機制，具體是指企業為避免或者減輕危機所帶來的嚴重損害和威脅，從而有組織、有計劃

地學習、制定和實施一系列管理措施和應對策略，包括危機的
規避、控制、解決以及危機解決後的復興等不斷學習和適應的
動態過程。

在某種意義上，任何防止危機發生的措施、任何消除危機
產生的風險的努力，都是危機管理。但我們更強調危機管理的
組織性、學習性、適應性和連續性。

危機管理就是要在偶然性中發現必然性，在危機中發現有
利因素，把握危機發生的規律性，掌握處理危機的方法與藝術，
盡力避免危機所造成的危害和損失，並且能夠緩解矛盾，變害
為利，推動企業健康發展。

而危機管理的核心內容就是：增強企業或組織迅速從正常
情況轉換到緊急情況（從常態到非常態）的能力。

危機管理的四個目的，稱為 4R 模式：縮減（reduction）、
預備（readiness）、反應（response）、恢復（recovery）。這個概
括雖然很精煉，但不是很全面。

實際上，危機管理的目的有六方面的內容。

1.預防危機

危機如同 SARS 一樣，預防與控制是成本最低、最簡便的方
法。企業應根據經營的性質，識別整個經營過程中可能存在的
危機，並從潛在的事件及其潛在的後果追根溯源，排查出其滋
生的土壤，然後進而收集、整理所有可能的風險並充分徵求各
方面意見，形成系統全面的風險列表，從而對這些可能導致危
機的原因進行限制，並針對性地練習內功，增強免疫力，以達
到避免危機的目的。

2.控制危機

主要是建立應對危機的組織，並制定危機管理的制度、流程、策略和計劃，從而確保在危機洶湧而來時能夠理智冷靜、胸有成竹地應對處理。

3.解決危機

主要是指通過公關的手段阻止危機的蔓延並消除危機。如：建立強有力的危機處理班子、有步驟地實施危機處理策略等。

4.在危機中恢復

消除危機給企業造成的不良影響，儘快恢復企業或品牌形象；重獲員工、公眾、媒介以及政府對企業的信任。

5.在危機中發展

危機管理的最高境界就是總結經驗教訓，讓公司在事態平息後更加煥發活力。Intel 公司前 CEO 安迪•格魯夫曾這樣說：「優秀的企業安度危機，平凡的企業在危機中消亡，只有偉大的企業在危機中發展自己。」

6.實現企業的社會責任

作爲社會的一員，企業卓有成效的危機管理，將促進社會的安定與進步。反之，如果危機處理不當，企業將成爲社會的負擔，並帶來不可估量的危害。

第四節　危機管理的任務

危機發生後，管理者將會遇到以下四個問題：

1.資訊捕捉：到底發生了什麼？向誰瞭解資訊？

2.資訊確認：那些資訊是有效的？

3.資訊理解：如何告知公眾？如何告知利益相關者？

4.資訊反應：是進一步等待，還是立即應對？還是置之不理？

實際上這四個問題的核心都是溝通。這就意味著，在危機管理中，最重要的任務就是解決危機狀態下的溝通機制。財務危機由財務專家來解決，市場危機由行銷專家來解決，人事危機由人事專家來解決，而種種危機的溝通，則都是由危機管理專家來解決的。

從管理的角度來講，危機是由量變到質變的過程；而從傳播的角度來看，則是由少數人知道到多數人知道的過程。

大家都不知道的秘密不是危機，它只是潛在的危機。只有當企業員工、消費者、公眾、媒體、投資者、債權人、供應商以及經銷商都知道了，並且被各種因素和途徑誇大了危險，導致混亂和恐慌，它才成爲危機。

危機一旦發生，任何人都無法阻擋。我們能做的只有兩件事：

1. Do Right，即正確地處理，以減少或避免損失。

2. Speak Right，即正確地傳播，客觀理性地告知公眾，以減少或消除恐慌。

正確地處理，是危機管理的前提；而正確地傳播，則是危機管理的核心。向誰傳播、傳播什麼、怎樣傳播是危機管理是否成功的關鍵。

第五節　危機管理的 5C 原則

危機管理水準與危機管理體系是否健全有關。建立危機管理體系要遵循以下 5C 原則，即全面化(comprehensive)、價值觀的一致性(consistentvalue)、關聯化(correlative)、集權化(centralized)、互通化(communicating)。

1.全面化

危機管理的目標不僅僅是「使公司免遭損失」，而是「能在危機中發展」。

很多企業將危機管理與業務發展看成是一對相互對立的矛盾，認爲危機管理必然阻礙業務發展，業務發展必定排斥危機管理。從而導致危機管理與業務發展被割裂開來，形成「兩張皮」。危機管理機構在制定規章制度時往往不考慮其對業務發展的可能影響；而業務部門在開拓業務時則盲目擴張，根本不顧及危機問題。

全面化可歸納爲三個「確保」，即首先確保企業危機管理目標與業務發展目標相一致；二是確保企業危機管理能夠涵蓋所有業務和所有環節中的一切危機，即所有危機都有專門的、對應的崗位來負責；三是確保危機管理能夠識別企業面臨的一切危機。

2.價值觀的一致性

危機管理有道亦有術。危機管理的「道」根植於企業的價值觀與社會責任感，是企業得到社會尊敬的根基。危機管理的「術」是危機管理的操作技術與方法，要通過學習和訓練掌握。

危機管理之「道」是企業危機之「術」的綱。

泰諾中毒事件：「四板斧」力挽狂瀾

「泰諾」是強生公司生產的用於治療頭痛的止痛膠囊。作爲強生公司主打產品之一，年銷售額達 4.5 億美元。

20 世紀 80 年代，強生公司曾面臨一場生死存亡的「中毒事件」危機：1982 年 9 月 29 日至 30 日，芝加哥地區有人因服用「泰諾」止痛膠囊而死於氰中毒，起始死亡人數爲 3 人，後增至 7 人，隨後又傳說在美國各地有 25 人因氰中毒死亡或致病。後來，這一數字增至 2000 人（實際死亡人數爲 7 人）。一時輿論大嘩。「泰諾」膠囊的消費者十分恐慌，94%的服藥者表示絕不再服用此藥。醫院、藥店紛紛拒絕銷售「泰諾」。

面對這一危急局面，公司董事長牽頭的七人危機管理委員會果斷地使出了「四板斧」，環環相扣，命中要害。

(1)立即在全國範圍內收回售出的全部「泰諾」止痛膠囊，價值近 1 億美元；並投入 50 萬美元利用各種管道通知醫院、診

所、藥店、醫生停止銷售。

(2)以真誠和開放的態度與新聞媒體溝通，迅速發佈各種真實消息，無論是對企業有利的消息，還是不利的消息。

(3)積極配合美國醫藥管理局的調查，在五天時間內對全國收回的膠囊進行抽檢，並向公眾公佈檢查結果。

(4)爲「泰諾」止痛膠囊設計防污染新包裝，以美國政府發佈藥品包裝新規定爲契機，重返市場。1982 年 11 月 11 日，強生公司舉行大規模記者招待會。會議由公司董事長伯克親自主持，他首先感謝新聞界公正地對待「泰諾」事件，然後介紹該公司率先實施「藥品安全包裝新規定」，推出「泰諾」止痛膠囊防污染新包裝，並現場播放了新藥品包裝生產過程錄影。美國各電視網、地方電視臺、電臺和報刊就「泰諾」膠囊重返市場的消息進行了廣泛報導。

事實上，在中毒事件中回收的 800 萬粒膠囊中，經事後查明只有 75 粒受氰化物的污染，而且是人爲破壞。公司雖然爲回收付出了 1 億美元的代價，但其毅然回收的決策表明了強生公司在堅守自己的信條：「公眾和顧客的利益第一」。這一決策受到輿論的廣泛讚揚，《華爾街週刊》評論說：強生公司爲了不使任何人再遇危險，寧可自己承擔巨大的損失。」

正是由於強生公司在「泰諾」事件發生後採取了一系列有條不紊的危機公關，從而贏得了公眾和輿論的支持與理解。在一年的時間內，「泰諾」止痛藥又重整山河，佔據了市場的領先地位，再次贏得了公眾的信任。

綜觀此次中毒事件，強生公司並沒有玩什麼公關伎倆，只

是用誠懇主動的態度來配合媒體、政府和公眾，表現出了一個大公司應有的社會責任感。由於其出色的危機管理，強生公司獲得了美國公關協會授予的最高獎——銀砧獎。

就其本質而言，危機是無法預知的。泰諾中毒事件發生後，當有人問及當時強生公司總裁伯克是如何應對危機時，他這樣回答：「我不認為危機是可以準備的，如何處理危機根植於企業的價值體系中。」

強生公司的信條第一款是：「我們首先要對醫務人員、病人、親人和其他所有我們產品和服務的用戶負責。」

而正是這個信條帶領強生公司走過了艱難境地。

3.關聯化

有效的危機管理體系是一個由不同的子系統組成的有機整體，如資訊系統、溝通系統、決策系統、指揮系統、後勤保障系統、財物支援系統等。因而，企業危機管理的有效與否，除了取決於危機管理體系本身，在很大程度上還取決於它所包含的各個子系統是否健全和有效運作。任何一個子系統的失靈都有可能導致整個危機管理體系的失效。如果公司總裁是在吃早餐看新聞時才知道危機來臨的話，可能豐盛的午餐已經痛苦地丟失了。同樣，如果沒有強有力的財力支持，強生公司也很難投入上億美元來回收藥品、戰勝「泰諾」中毒危機。

4.集權化

集權化的實質就是要在企業內部建立起一個職責清晰、權責明確的危機管理機構。因為清晰的職責劃分是確保危機管理體系有效運作的前提。同時，企業應確保危機管理機構具有高

度權威性，並盡可能不受外部因素的干擾，以保持其客觀性和公正性。

　　危機的集權管理有利於從整體上把握企業面臨的全部危機，從而將危機策略與經營策略統一起來。

　　危機發生的時候，需要有人站出來領導，告訴人們發生了什麼，應該怎麼做。

　　但值得注意的是，爲了提高危機管理的效率和水準，不同領域的危機應由不同的部門來負責，即危機的分散管理。危機的分散管理有利於各相關部門集中力量將各類危機控制好。但不同的危機管理部門最終都應直接向高層的首席風險官彙報，即實現危機的集中管理。

　　在 2003 年的 SARS 危機中，各自爲政的管理體制無法及時進行協調統一的行動，使中國失去了應對 SARS 危機的最佳時機。針對這一問題，政府採取的措施就是建立中央和地方兩級協調機制。在中央高層的支援下，協調在京國家機關、軍隊和北京各個系統的行政和衛生單位，集中配置防治 SARS 的人力資源、財政資源和醫療物資，才使得 SARS 防治走出各自爲政的困境，局面順利穩定，終於在 6 月初迎來了 SARS 零發病日，讓人們看到了勝利的曙光。

5. 互通化

　　從某種意義上講，危機戰略的出臺在很大程度上依賴於其所能獲得的資訊是否充分。而危機戰略能否被正確執行則受制於企業內部是否有一個充分的資訊溝通管道。如果資訊傳達管道不暢通，執行部門很可能會曲解上面的意圖，進而做出與危

機戰略背道而馳的行動。

有效的資訊溝通可以確保所有的工作人員都能充分理解其工作職責，並保證相關資訊能夠傳遞給適當的工作人員，從而使危機管理的各個環節正常運行，企業內部資訊的順暢流通在很大程度上取決於企業資訊系統是否完善。因此企業應加強危機管理的資訊化建設，以任何理由瞞報、遲報，甚至不報的行為都是致命的。可口可樂在危機發生的幾小時內就可以聯絡到總裁，不管他正在進行高級談判，還是在加勒比海度假，這是可口可樂嚴密高效的組織協作的體現。

第六節　危機管理的常見誤解

一、缺乏危機管理意識

如何應對組織危機是一個組織走向成熟的標誌，是組織與國際化管理接軌所必須面對的課題。當一場真正的危機來臨之際，組織如果處理得當，不但能巧妙地化解對組織的威脅於無形之中，而且對組織品牌知名度及美譽度的提升會有很大的幫助，相反一旦處理不當，將會使組織付出慘重的代價。危機管理失敗常常有一些共性，下面案例加以說明。

企業對於危機的管理意識不強，一旦危機來臨，企業往往措手不及。三株公司的枯萎正是缺乏危機管理意識的典型。

【案例】

在中國的三株集團是一家靠 30 萬元起家的民營組織,主要產品為三株口服液。在短短的三五年內,三株集團建成了僅次於中國郵政網路的三株行銷網路,創造出中國保健品發展史上的「三株神話」。1994 年其銷售額達 1.25 億元;1995 年銷售額達 23 億元;1996 年銷售額達 80 億元;1997 年銷售額為 70 億元。在鼎盛時期,三株集團在全國所有的省、市、自治區和絕大部分地級市註冊了 600 個子公司,各級行銷人員總數超過了 15 萬人,公司的口號是 10 年內要成為世界同行 100 強。然而 1996 年,三株集團卻禍從天降,一件意外事件葬送了三株的神話和輝煌。

1996 年 6 月,77 歲的老人陳伯順經醫生推薦服用三株口服液後,皮膚出現病狀,當年 9 月在一家診所治療無效後病故。1996 年 12 月,陳伯順之子陳然之向常德市中級人民法院起訴三株集團。1998 年 3 月 31 日,湖南常德市中級人民法院做出一審判決:消費者陳伯順喝了三株口服液後導致死亡,由三株公司向死者家屬賠償 29.8 萬元,並沒收三株公司非法所得 1000 萬元。

三株的「人命官司」震驚了全國,各種媒體紛紛予以報導。「八瓶三株喝死一老漢」、「誰來終結『三株』?」等爆炸性新聞出現在 200 多家報紙、雜誌上。由於對這一突發性意外事件缺乏防範意識,三株公司一片混亂,總裁吳炳新不堪重負,臥病在床。三株公司 1998 年 4 月的銷售額就從 1997 年的月銷售額 2 億元下降至幾百萬元,此後三株口服液及三株系列產品在

全國的銷售均陷入癱瘓狀態。200 多個子公司被迫停業，2000
多個工作站和辦事處幾乎全部關門，10 余萬名員工失去工作，
統計數據顯示，官司給三株造成的直接經濟損失達 40 多億元，
國家稅收損失了 6 億元。

儘管後來湖南省高級人民法院做出二審判決：三株公司勝
訴。陳伯順老人的死亡與三株口服液沒有關係，三株口服液是
有益於人體健康的合格保健品。但這畢竟是遲到的判決，此時
的三株往日的輝煌已經不在，三株集團成為事實上的失敗者。

1.企業危機的分析

三株危機具有突發性。其產生當然是各種因素綜合的結
果。但一個意外釀成大危機的直接原因則是其缺乏危機管理的
意識，沒有建立起系統的危機管理制度。這突出表現在以下幾
個方面。

⑴缺乏專門的危機治理機構

在整個事件中，三株集團缺乏強有力的指揮系統。在危機
面前缺乏應有的主見和應變力。這表現在兩方面：第一，不能
把握危機發展的走勢，展開有效引導，相反卻一味依賴政府，
希望政府出面化解危機；第二，未能把握主動，正面引導輿論。
三株集團的管理者忽視媒體的作用，在整個危機處理中，三株
集團沒有建立自己的新聞中心，不能及時、迅速、準確、有效
地向各種媒體提供全面、客觀、詳實的信息，沒有與社會公眾
和輿論媒體進行廣泛而有效的溝通，這反映了三株集團自身對
危機處理蒼白無力。

⑵組織管理者的危機意識淡薄

臨危不懼、遇事不亂、理智冷靜，應該是正確處理品牌危機的前提。三株集團一審敗訴，是三株最高層都始料未及的。危機意識薄弱加之心理素質較差，整個組織呈現出不正常的浮躁、混亂和無序，就連總裁自己也被擊倒，臥病在床。這從另一個側面反映了三株危機處理體制的不健全。

⑶組織未能把公眾利益放在第一位

如果三株在獲悉自己的產品捲入人命官司後立即通過權威新聞媒介向社會告之真相，配合技術權威部門的檢查，同時承諾在未得到最終裁定之前，收回涉嫌有問題的全部在銷產品，三株的聲譽不僅不會受到傷害，反而會大大提高。因爲這表明三株首先考慮的是公眾和消費者的利益，是一個行爲誠實可信、負有責任感的組織，這一舉措雖然對組織帶來的損失是巨大的，但這樣往往會贏得社會各界的廣泛理解和同情。提升品牌形象和組織信譽度，爲組織在短時間內恢復元氣、贏得更大的效益打下良好的基礎。

2.企業危機的啟發

對於組織突發的危機，應通過事前危機管理和事後危機管理加以控制。

⑴事前的危機管理首先要求全體員工具有危機意識，要居安思危、未雨綢繆。比爾‧蓋茨告誡微軟員工「微軟離破產永遠只差 18 個月」。這句話的目的就是要激發員工的危機感，不斷地完善自我和超越自我。

⑵事前管理還需要對危機事件進行分析預測。根據組織產

品與服務的性質和現狀，分析可能發生的危機事件，制定相應對策，在可能的情況下，進行危機事件處理的模擬演練。同時，組織應回顧歷史上曾發生過的危機事件，吸取教訓，制定防範措施。

(3)在日常工作中要嚴格執行科學的管理制度，保證產品、服務品質，遵紀守法，維護公眾利益，從而盡可能地消除危機隱患。

(4)建立危機預警系統，及時捕捉危機的前兆。

事後管理是組織在危機發生後，為減少損失和挽回形象而採取有效措施的過程。面對危機，組織應堅持以下幾項原則：

一是及時性原則，對突發性事件必須給予高度重視，及時調查瞭解情況，儘快制定對策。

二是公開性原則，通過新聞管道及時報導事件真相及處理措施，以防「小道消息」混淆視聽。

三是專項管理原則，成立專門機構處理危機事件。處理危機的人員構成包括組織高層領導、法律專家、公關人員及相關問題專家，並且要指定危機小組的發言人。

四是誠實性原則，要求組織勇於承擔責任，尊重對方的意見和要求，在情況尚未查清而公眾反應又強烈時，組織應採取高姿態，宣佈責任在己，保證負責，通過這種方式穩定公眾情緒，以免矛盾激化、事態擴大。

總之，組織只有在危機發生前具備了較強的危機意識，建立了靈敏的預警機制，採取了有效的預防措施，才能做到防「危機」於未然。而在危機發生後必須採取及時、果斷的應對措施，

科學合理地解決由此而產生的各種問題。另外，還要不斷增強自身經營素質與內聚力，並積極吸取他人的經驗與教訓，對市場環境的變化有足夠的心理和物質準備。只有在這一系列的措施下，組織管理者面對危機時，才能從容自如，化險為夷。

二、缺乏有效的危機反應機制

如果說三株危機是由於某種外在不可控因素發生了變化，各種誤解、謠言，甚至是人為因素作用給組織帶來了致命的危害，使組織在遇到危機時不知所措，自亂陣腳。那麼，日本三菱公司在「帕傑羅」事件處理上則是走上了危機的第二個誤解：面對危機，反應遲鈍。

【案例】

日本三菱汽車的品牌一直是世界越野汽車的領導者形象，而其「帕傑羅」車型則是精品中的精品。「帕傑羅」車型的開發始終貫穿著三菱公司的基本方針——「時尚的設計」與「關注環保意識」這一設計理念。同時，在新車的開發研製中注重追求歷代車型獨特的外形和卓越的性能。然而，2001年2月9日，中國的國家出入境檢驗檢疫局發佈緊急公告：由於日本三菱公司生產的「帕傑羅」V31、V33型越野車存在嚴重安全品質隱患，決定自即日起，吊銷其進口商品安全品質許可證，並禁止其進口。

帕傑羅事件起因：

2000年9月15日，司機駕駛著三菱「帕傑羅」越野車，

載著 3 位專家前往。在一個下坡彎道處踩剎車時，突然發現剎車失靈，而這時迎面正開來一輛東風大貨車，眼看就要發生撞車事故。司機憑著 20 多年的駕駛經驗，緊急採取拉手制動、換擋等措施，同時向右打輪到公路右邊的極限(右邊是一個深溝)，與大貨車擦身而過。

　　將車輛送到出入境檢驗檢疫局檢驗。經專家分析和實驗室鑑定：三菱「帕傑羅」越野車在設計上存在嚴重問題，車後部的鋼制感載閥下壓時便會碰到位於它垂直下方的後制動油管，而鐵制的後制動油管在多次碰磨後便被磨穿，使制動液流出，造成剎車失靈。出入境檢驗檢疫局隨後檢查了另外幾輛三菱「帕傑羅」V31、V33 型越野車的後軸制動管，結果令人震驚：這些車輛的制動管全部存在磨損現象。

　　報告很快送到國家出入境檢驗檢疫局，並引起高度重視。在初步搜集的情況中，雲南省已發現近 300 輛三菱「帕傑羅」V31、V33 型越野車存在後制動油管使用中被感載閥磨損的品質問題。西藏檢驗的 9 輛車中，有 2 輛油管已經磨漏。為了保護生命財產安全和防止危害事故繼續發生，國家出入境檢驗檢疫局及時做出了停止進口日本三菱「帕傑羅」V31、V33 型越野車的決定。

　　緊急公告後的一週，即 2001 年 2 月 13 日，三菱汽車公司的負責人才趕到中國消費者協會，與中國消費者協會的代表進行會談。日方對中國的「帕傑羅」V31、V33 型越野車的用戶表示歉意。此後，迫於中國國家出入境檢驗檢疫局、中國消費者協會的據理力爭和媒體輿論的壓力，日本三菱汽車公司逐步做

出讓步。2001 年 2 月 17 日，三菱公司決定召回檢修三菱「帕傑羅」V31、V33 型越野車，中國用戶可就近到公佈的 44 家三菱維修站進行維修，更換制動油管。2 月 23 日，三菱汽車公司北京辦事處做出決定，對證明確為三菱公司產品技術問題為起因的事故，將按中國法律給予補償。同時，對所有在中國行駛的三菱舊款 V31、V33 型「帕傑羅」越野車實行無償召回檢修，檢修站由原來的 44 家增加到 54 家，並重新計算保修期。2 月 28 日，三菱汽車公司有關負責人向中國消費者協會遞交了《三菱汽車公司在中國召回——對消費者的賠償方案》。

1.企業危機的分析

危機固然可怕，但是面對危機，遲遲不做出反應，更會加劇情況的惡化。日本三菱公司在「帕傑羅」事件處理上的遲鈍反應正說明了這個道理。三菱「帕傑羅」事件，應當說是為危機管理工作提供了一個非常好的反面範例。

⑴缺乏主動性

一般國家有關部門在採取嚴厲的措施前會向相關組織知會有關情況。所以當國家有關部門對三菱「帕傑羅」V31、V33 型兩個產品亮出紅牌時，三菱方面已經瞭解了這方面的消息，但由於三菱汽車對此事的嚴重性預見不足，2 月 8 日有關的消息從北京傳出，由於消息的來源是國家政府部門，消息的新聞性、權威性很快引起了媒體的極大重視，一時間許多有影響力的媒體都對此進行了詳細的報導。

⑵缺乏時效性

三菱汽車公司完全有時間在當天就主動承認此事，並在第

一時間內宣佈在中國進行「召回」。然而，三菱方面不但沒有主動做出反應，各辦事處也都沒有對該如何應對媒體的採訪做出適當的部署。在媒體紛紛希望得到三菱汽車「官方」的說法時，卻被告知要等到事發後第二週的週一(4 天后的下午 5 時)，三菱汽車公司才在北京召開新聞發佈會，公佈將召回並檢修問題車輛的消息。不僅這是一個範圍極小的新聞發佈會，而且此後公司對眾多媒體進一步的採訪又採取了避而不談的態度。這樣組織又一次喪失了展開危機公關的時機，形勢也對三菱越來越不利。

⑶缺乏有效溝通

三菱公司於 2 月 15 日在日本召開新聞發佈會，宣佈再次大範圍召回車輛時，儘管其中僅有少量銷售到中國的產品，然而三菱方面並沒有及時把這一公告中的信息向中國發佈。以至於又是被動地使事件見諸報端，媒體對此次召回是否涉及中國提出質疑之後，才於 23 日向媒體發出召回車輛的信息。此時，三菱在中國的形象已經受到了極大的損害，其信譽度極度下降。

2.企業危機的啟發

危機消息的出現，經常使組織的形象受到消極的影響。媒介消息的來源管道是複雜的、不同的，有時是相互轉載。因此可能對同一危機事件的傳播在內容上產生很大的差異。當危機發生時，作為危機的發生者——組織，應該以最快的速度，把危機的真相通過媒介告訴消費者，確保危機消息來源的統一，最大可能地消除對危機的各種猜測和疑慮。三菱顯然對這一原理沒有足夠的重視。

與此形成對比的是，福特汽車公司在國內許多消費者甚至媒體對其召回工作並不太知情的情況下，仍主動發佈了召回公告，而且對來自全國多家媒體的各種問題也不厭其煩地進行了解答。因此福特在國內的形象不但沒有受到影響，反而給人以「這是一家負責任的公司」的印象。這兩個事例足以成爲應對類似事件的生動的教科書。前車之鑑，不得不引以爲戒。

三、輕率決策，放棄組織優勢

面對組織的危機，遲鈍的反應固然不對，但輕率地放棄以前的計劃，匆忙應對，也只會雪上加霜。A.C.吉伯特公司的失敗正是由於其輕率的決策所造成的。

【案例】

A.C.吉伯特公司成立於 1909 年。在 20 世紀 50 年代，它一直穩居美國玩具製造業的前 10 名，銷售額超過 1700 萬美元。多年以來，它的名字一直深受尊敬，同時也成為品質的象徵。它的「美國快車」和大吊車也為幾代人所熟知。然而，僅僅在 5 年之內，一切就都煙消雲散了。導致 A.C.吉伯特公司失敗的主要原因之一，就是公司在面臨危機時，用輕率、衝動的決策取代了以公司實力為基礎精心計劃的正確策略。最終，錯誤的判斷使過去穩步取得的成就化為泡影。

1961 年銷售旺季結束時，A.C.吉伯特公司的銷售額從 1960 年的 1260 萬美元直線下降，並且僅獲得 20011 美元的利潤。由於一直陶醉在過去的成就中，直到此時公司的管理者才意識到

出了大問題。

面對 1962 年的巨額虧損，A.C.吉伯特公司採取了衝動、欠考慮的措施。公司的管理層，首先增加了產品的花色品種。前後總共增加了 50 多個新品種。新品種的服務對象從傳統的 6～14 歲的男孩，擴張到了女孩和學齡前兒童。A.C.吉伯特公司採取的對策之二是不再依靠自己的銷售隊伍，轉而與獨立的代理商簽訂合約來推銷公司產品。而且，為了在超級市場、廉價商店和其他有進取心的零售商那裏擴大銷售，A.C.吉伯特公司做出了一些代價高昂的讓步。例如，向一些訂貨商推行對其產品擔保銷售的方式。依據這種擔保銷售方式，公司必須承擔由於推銷不力、跌價及聖誕銷售旺季後對滯銷產品進行銷賬處理等帶來的風險。此外，在 1965 年，公司發動了大規模的電視廣告運動和銷售點陳列展覽計劃，列入預算的銷售費用的 30%被用在這一規模浩大的推銷活動上。這樣的一個比例對於一家銷售額僅為 1100 萬美元左右，並且正面臨破產威脅的公司無疑是雪上加霜。由於對產品、銷售和時機的選擇考慮不當，推銷活動遭遇了失敗，從而為公司宣告破產埋下了禍根。

1.企業危機的分析

A.C.吉伯特公司帶給我們最主要的啓示是：一個組織必須提防在沒有考慮多種可行方案之前反應過快。因為，這是危機管理中最嚴重的一種失誤——讓倉促的措施加劇了過去的錯誤。

⑴盲目擴充產品種類

A.C.吉伯特公司的主要優勢是它在品質上的良好聲譽，因

此不應爲了匆忙推出大量和競爭對手一樣的「廉價」新產品而犧牲品質形象。由於在倉促擴充新產品的過程中，沒有把公司的生產能力考慮在內，結果大量粗製濫造的產品被生產出來。這樣就給公司的工程技術和生產能力都帶來了很大壓力，不可避免地導致一些設計低劣的玩具品質不過關，對顧客缺乏吸引力。更重要的是，劣質的產品使該公司在製造高層次文教玩具方面品質優異的形象蕩然無存。

⑵ A.C.吉伯特公司輕率改變銷售網路。

該公司匆忙改變依靠自己的銷售隊伍的形式，轉而採用與獨立的代理商簽訂合約並擔保推銷公司產品的方式。擔保銷售常常是一個新廠家爲打入市場在最迫不得已時採用的辦法。供應商在商品的商標還不爲人所知，必須完全依賴零售商時，往往會被迫接受零售商提出的一些苛刻條件，但事實上，A.C.吉伯特公司在 1963 年，它的產品品質仍具有很高聲譽和知名度。儘管經銷管道不如期望的那麼廣，但還是比較暢通的。

2.企業危機的啟發

危機發生時，組織管理者首先要對面臨的危機進行仔細確認，進而根據組織的實力和資源對可能採取的解決方法和調整方案做出權衡斟酌。一個公司和一個品牌的聲譽是十分珍貴的。建立一種好的形象並非一日之功，但毀掉良好的形象有時卻只是一念之差。所以，A.C.吉伯特公司的教訓同樣是危機管理中一個必須繞過的雷區。

四、對危機漠然視之

企業發生危機，勢必對客戶、社會、消費者、股東等，都產生眾大影響，企業的失誤之一在於對企業危機漠然視之。

【案例】

20 世紀 70 年代初，雀巢公司將其生產的嬰兒奶粉在人口眾多的發展中國家銷售，由此獲得了較高的利潤。但是，正當雀巢奶粉銷售旺季，出現了一個意想不到的情況：在發展中國家由於使用了該奶粉而導致嬰兒大批死亡。這就是舉世矚目的「雀巢風波」。究其原因，一方面是由於使用奶粉不當造成奶粉被污染；另一方面，雀巢公司在奶粉生產過程中也存在著一些嚴重的品質問題。事件發生後，公司未能採取及時有效的措施來維護組織形象，而是聽之任之，我行我素。

當嬰兒乳製品問題在 1970 年第一次被人們提出來時，雀巢公司試圖把它作為營養健康問題予以處理。公司提供不少科學和有關的數據分析，但問題並沒得到解決，人們因為感到雀巢公司忽視了他們合法的、嚴肅的要求而對公司敵意倍增。當瑞士的一個社會活動組織指責雀巢產品「殺嬰」時，雀巢公司以「誹謗罪」起訴該組織並打贏了官司。但官司使得這場法律上的勝利變成了公司的一起公關危機事件，它直接導致了人們對其產品的抵制運動。

1977 年，一場著名的「抵制雀巢產品」運動在美國爆發了。美國嬰兒乳製品行動聯合會的會員到處勸說美國公民不要購買

「雀巢」產品，批評這家瑞士公司在發展中國家有不道德的商業行為。對此雀巢公司只是一味地力自己辯護，結果遭到了新聞媒介更猛烈的抨擊。直到 1980 年末，雀巢公司才意識到正統的法律手段並不能解決所有的問題，它需要一種新的能更好地協調各方關係和處理國際公共事務的手段。雀巢公司重金禮聘世界著名的公關專家帕根來商量對策。並且於 1981 年初，公司在華盛頓成立了雀巢營養協調中心。它不僅負責協調營養的研究，還負責處理抵制運動問題。此外，雀巢公司的兩個重要人物，新任執行總裁赫爾穆特‧莫切爾和執行副總裁卡爾‧安斯特博士與美國衛理公會教會聯合會嬰兒乳製品特別工作組進行積極的會談。公司在做出願履行世界衛生組織「經銷母乳替代品建議準則」的保證後，最終使整個事件出現了轉機。歷時 7 年的抵制運動終於在 1984 年取消了。為此，雀巢公司損失近 4000 萬美元！

1. 企業危機的分析

回顧整個事件時，人們發現其實這場產品抵制運動是完全可以避免的。

(1)這家大型的跨國公司未能儘早地注意到社會公眾的合法要求。事實上，社會公眾的要求無非是雀巢公司應認真對待生產中出現的品質問題，以便更好地保證贏得社會的信任。而那些抵制運動的團體也只是希望雀巢公司能在飽嘗抵制運動給其帶來的直接和間接後果後，最終瞭解組織應承擔的社會責任。但雀巢公司最初只是一味地為自己進行辯解，一味強調所謂的科學性和合法性，給人留下了公司缺乏社會責任感的壞印象。

(2)存在傳播、溝通障礙。當抵制運動在美國開展時，一些政治活動家號召大家抵制雀巢產品時，他們把雀巢公司的問題看成是嚴重的社會政治問題，雀巢公司作爲第三世界嬰兒乳製品的最大供應商，當時成了社會活動家批判商業社會的靶子，成了「以剝削來賺利潤」的反面組織典型。更加火上澆油的是該公司對此採取了冷漠的態度，顯然，這樣的傳播溝通是失敗的。

(3)雀巢公司在危機中的處理經驗。當組織與公眾的看法不一致，難以調解時。必須靠權威來發表意見。組織要善於借助公正性和權威性的機構來説明解決危機。雀巢公司在「雀巢風波」惡化後，開始採取補救措施。其中最有效的就是成立了一個 10 人專門小組來監督該公司執行世界衛生組織規定的情況。小組成員中有德高望重的醫學家、教授、群眾領袖和國際政策專家，並由前任美國國務卿緬因州民主黨參議員艾德蒙任主席。這一舉措大大增加了公司在公眾心目中的可信度。由於在很多情況下，權威意見往往對組織危機的處理能夠起到決定性的作用。因此，獲取權威的支持是化解危機的關鍵。

2.企業危機的啟發

企業在處理危機時，一方面要樹立勇於承擔責任的組織形象，躬身自省，把社會公眾的利益放在第一位；另一方面也要借助權威的鑑定，堅守組織的利益。只有這樣才能使組織在危機面前收放自如，既能控制事態的發展，轉危爲安，又能使組織由此邁上一個新的臺階。

第2章

危機管理體系的六個體系

第一節　意識體系——居安思危

一、危機意識是企業發展的原動力

　　武松在景陽崗顯神威打死吊睛白額老虎之後，名震天下。十年後，景陽崗虎患再生，受鄉人邀請，武松再度欣然出山。喝了三碗景陽崗牌白酒之後，他躊躇滿志地上山了。那麼這次將會出現什麼樣的結局？

　　武松成了打虎英雄之後，居功自傲，把偶然的成功當作必然，從此不思進取。結果在第二次打虎時喪失危機意識，掉以輕心，落入虎口。

　　在茫茫草原，正是豹子的襲擊使斑馬反應更加機敏，奔跑更加迅速。如果沒有豹子不斷的威脅，斑馬早就因為可隨時享

受鮮美的嫩草，而喪失了警戒心和奔跑的能力。當危險真正來臨，就只能坐以待斃了。這對整個物種是災難性的，可能導致物種滅絕的噩運。

在體育界有個名詞，叫「貝克爾境界」。所謂「貝克爾境界」，是指運動員進入最佳競技狀態，技術水準得到最大限度的發揮。那麼怎樣才能讓人把自身潛能發揮到極致呢？答案就是給外界以強烈刺激，讓其有強烈的危機意識。

生於憂患，死於安樂。企業何嘗不是如此呢？企業要不斷地穩步發展，就必須樹立危機意識，戰戰兢兢、如履薄冰地工作。危機意識是企業發展的原動力。松下幸之助先生在總結其企業的成功經驗時，提出的重要一點是：長久不懈的危機意識是使企業立於不敗之地的基礎。

危機意識是一種對環境時刻保持警覺並隨時做出反應的意識，它建立在這樣一個基礎認識上：我們的頭頂總是高懸著達摩克裏斯之劍，我們被無處不在的危機包圍著。在通訊工具越來越發達，資訊傳播一日千里的「地球村」時代，任何一個壞消息都會以最快的速度向全世界擴散，從而給我們帶來滅頂之災。

企業中的每個人都必須清楚：我們所有的行為準則時刻都處於危機之中，我們必須把公司潛在的危機規避到最小，我們任何一個人都可能因失誤或失職而將整個公司拖入危機。企業的全體員工，上到高層管理者，下到普通員工，都應「居安思危」，將危機的預防作為日常工作的組成部份。

微軟比爾·蓋茨：「我們離破產永遠只有 18 個月。」

戴爾電腦邁克爾‧戴爾:「我有的時候會半夜驚醒,一想起事情就害怕。但如果不這樣的話,那麼很快就會被別人超越。」

只有全員參與並形成企業危機文化,才有可能在根本上遏制和處理危機。沒有危機的個人,等待他的將是災難。沒有危機意識的企業,最終面臨的必定是滅亡。

如果把一隻青蛙扔進沸水中,青蛙會馬上跳出來。但是如果把一隻青蛙放入涼水中逐漸加熱,青蛙會在不知不覺中失去跳出的能力,直至被熱水燙死。企業中的危機也是這樣,企業內部的一些小問題日積月累,就會使企業逐步失去解決問題的能力。這就是危機管理中的溫水煮蛙原理。

當你被鮮花和掌聲所包圍,當你在為無往而不利的記錄而驕傲,當你陶醉於「沒有過不去的坎!」的豪情,你應該經常捫心自問,我們的企業是溫水中的青蛙嗎?

二、企業危機管理能力自測

有一隻野豬對著樹幹不停地磨它的獠牙,一隻狐狸問:「現有既沒有獵人,也沒有獵狗,為什麼不躺下來休息享樂呢?」

野豬回答說:「如果我現在不把牙齒磨鋒利,等到獵人和獵狗出現,我就只能等死了」。

當危機來臨,你有鋒利的牙齒和危機搏鬥嗎?企業的危機管理能力表現在四個方面:

  1.對危機的前兆有敏銳的嗅覺

  2.危機來臨能臨危不懼,迅速做出正確反應

3.在解決危機時能有條不紊

4.化危機爲契機，在危機中獲利

其實很多企業都經歷過赤壁之戰。雖然計劃極爲週詳，部署也十分嚴密，卻總會遇到一些出乎意料的狀況。

這就需要具備隨需應變的能力——對突發事件進行即時回應，從而突破日有模式把握新機遇。

第二節　預警體系——未雨綢繆

危機預預警是危機管理的第一步，也是危機管理的關鍵所在。

危機預警主要是指人們對危機的認知，表現爲具有很強的危機意識以及在認知基礎上構建的預警系統。危機管理首先要有危機意識。儘管危機多以突發事件形式出現，發生的概率很低，但突發事件是一種客觀存在。從這種意義上講，危機又是必然的，是無法避免的。而且，由於缺乏準備，危機事件帶來的損失往往是巨大的，超常規的，人們會在處理危機過程中花費更多的時間與精力。所以，重視危機的產生是十分必要的。同時，危機預警也是危機管理知識資訊系統所具有的功能。與常規事件相同，偶發事件也有一個發生、發展的過程，甚至是從量變到質變的過程。

在事件發生前，總會有一些徵兆出現。只要及時捕捉到這

些信號，加以分析處理，及時採取得力措施，就能夠將危機帶來的損失降至最低，甚至避免危機的產生。

在危機預警階段，主要有八個方面的工作內容：

1.確定危機來源，對可能引發危機的現象或事件進行列舉

很多企業儘管可能是行業的領先者，但是或多或少地會存在薄弱的地方，善於發現自身的弱點是現代企業必修的「降龍十八掌」之一。企業應認真反思，那些薄弱問題可能會導致企業陷入危機？從而使企業知道那些危機最應該進行有效管理。

企業應明確最有可能發生的能夠造成最嚴重危害的潛在危機。主要調查途徑有：

⑴對股東債權人進行調查。

⑵對公司的高層、中層、基層進行問卷調查對供應商、經銷商進行調查。

⑶對消費者進行調查。

⑷對政府部門、行業主管部門進行調查對媒體記者、編輯進行調查。

⑸對競爭對手進行調查。

在分析以上所形成的調查數據的基礎上，識別企業最脆弱的方面，爲企業縮小應該進行良好防範和管理的危機範圍，確保危機管理的效率和效果。

2.對危機進行分析

⑴分析危機發生的頻率

⑵分析危機發生的影響力

⑶分析危機管理的難度

(4)分析危機引起的公眾關注度

企業根據所列舉的危機以及以上四條考評依據，形成潛在危機重點分析表。

表 2-1 危機分析表

顏色	危機發生的頻率	危機發生的影響力	危機管理的難度	危機引起的公眾關注度	備註

圖 2-1 危機優先序列象限表

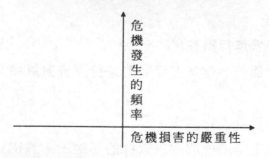

3.確定危機的預控策略

根據危機的性質和企業對危機的承受能力，企業應有不同的危機應對策略。企業應對危機的方法可以歸結為四招：「躲、側、轉、接」。

⑴躲——排除策略

惹不起，躲得起；打不過，總跑得過吧。一些危機爆發的

誘因都在企業可控制的範圍，因此應該積極清除這些誘因，排除潛在危機。不要做無謂的英雄，根據自己的實力和背景行事。如果自知不是老虎的對手，就不要「明知山有虎，偏向虎山行」。

①樹立良好企業形象，在公眾心目中建立可靠的信譽。

②不宜涉足的領域要能抵制誘惑，對危害程度大的風險儘量避免。

③完善企業內部管理，消除企業內部管理的各種弊端。

④針對各種誘因，制定健全的防範制度迅速解決小問題。

⑤積極改正小錯誤。

⑵**側——緩解策略**

躲不起，側得開。如果跑不過，那也不必硬碰硬，可以側過身子，緩一緩。通過各種措施，將危機誘因控制在一定的限度和範圍之內，從而緩解危機，使損失降低到最低程度。肯德基有近30家雞肉供應商，全部獲得了《檢疫衛生註冊證書》，並保證所有的供貨「來自非疫區、無禽流感」；而越南肯德基則由於當地雞肉供應不足，用大量的魚類產品代替雞肉產品。這些措施使肯德基在禽流感肆意蔓延時期，在一定程度上也降低了企業的損失。

⑶**轉——轉移策略**

側不開，轉移開。對於無法回避也無法緩解的危機，應設法合理地轉嫁風險。如將部份經營環節外包、購買保險、簽訂免除責任協議等。在「9‧11」恐怖襲擊事件中，國際保險市場遭受重創，許多保險公司都支付了巨額賠款，但並沒有引發一系列的保險公司破產事件。最重要的原因就在於國外的保險公

司都十分注重分保，將自己承保的部份業務轉移給其他保險公司，即通過再保險來轉移風險。所以，「9‧11」恐怖襲擊事件發生後，支付賠款最多的是那些再保險公司。

⑷接──防備策略

轉不走，接得起。沒有人會事先知道危機在什麼時候發生，會波及多廣的範圍，因此必須在力所能及的範圍內防備危機，為危機的爆發做好人、財、物的準備，積極抵禦風險，並在危機中尋找反敗為勝的機會。這就好像防洪一樣，必須做好應付洪峰通過時的各項準備。防備的主要措施有：

①儲備。儲備相應的人力、物力、財力，以備不時之需。這是一種昂貴的辦法，也是最有效的辦法。強生回收泰諾、康泰克成功應對 PPA 風波，都在於他們為危機做好了充分的準備──沒有充實的財力，他們根本無法完成回收和重新上市的工作。

②功能轉移。即改變現有資源的使用功能。

③雙功能。某些資源既可以為甲所用，也可以為乙所用。比如很多高速公路在戰時都可以作為軍用飛機的跑道，一些民用工廠在戰時也可以改為生產軍用物資。

至於究竟選擇那種防備策略，主要基於以下幾方面的評估：

①不同方案的代價有多高？

②危機發生的概率有多大？

③不進行防備的代價有多大？進行防備將有多大的收益？

4.確定預防潛在危機的改進措施

建立危機自我診斷制度，從不同層面、不同角度進行檢查、

剖析和評價，找出薄弱環節，及時採取必要措施予以糾正，從根本上減少乃至消除發生危機的誘因。

「警惕性是首要的，大部份危機是可以避免的。」美國危機管理學院(ICM)史密斯說，另一位危機管理專家斯蒂夫·芬科認為，應該建立定期的公司脆弱度分析檢查機制。他說：「越來越多的顧客抱怨，可能就是危機的前兆；繁瑣的環境申報程序，可能意味著產品本身會危害環境和健康；設備維護不利，可能意味著未來的災難。經常進行這樣的脆弱度檢查並瞭解最新情況，以便在問題發展成為危機之前得以發現和解決。脆弱度分析審查不僅有助於防止危機，避免對公司業務和公司利潤的不良影響，而且，還會使公司在未來變得更為強大。」

脆弱度檢查小組由來自公司各部門的經理組成：生產製造、維修、人力資源、銷售行銷，政府事務與政策、財務會計等，他們能夠清楚地瞭解各自領域記憶體在著的最大危險，並能用新的眼光看待其他部門。同時，企業也可以考慮聘請外部諮詢專家來指出公司存在的問題，因為他們的立場和視角更客觀。脆弱度檢查小組的成員必須具有相當的資歷，有能力做出決策、分配資源並直接進行項目的實施。

公司必須關注那些逐步升級、引起局外人不必要關注、干擾正常經營運作、危及公司及領導者正面公眾形象或妨礙公司利潤的種種事件。這些問題是：必須與那些短期、中期的競爭對手以及其他社會和政策要素作鬥爭？一年以後市場條件和政治、社會環境將有那些變化？那些因素會影響我們的經營方式？有那些特別事件的發生可能影響到我們維持和發展市場的

能力？

5. 建立危機管理機構

由危機管理小組制定或審核危機管理指南及危機處理方案、清理危機險情；一旦危機發生，及時遏止，以減少危機對企業的危害。

6. 擬定危機管理計劃

在事前對可能發生的潛在危機，預先研究討論以發展出應變的行動準則。

7. 對員工進行危機管理培訓和演習

開展員工危機管理教育和培訓，增強員工危機管理的意識和技能，一旦發生危機，員工能具備較強的心理承受能力；同時提高管理小組的快速反應能力，並可以檢測危機管理計劃是否完善、可行。

在可口可樂公司，每年危機處理小組都要接受幾次培訓，培訓內容類似於做遊戲，比如類比記者採訪，類比處理事件過程；幾個人進行角色互換，總經理扮演監控人員，公關人員扮演總經理之類，這樣可以從不同的角度感受危機事件的全局。

8. 對危機進行監測和報告

建立高度靈敏、準確的資訊檢測系統，及時收集相關資訊並加以分析、研究和處理，全面清晰地預測各種危機情況，捕捉危機徵兆，為處理各項潛在危機指定對策方案，盡可能確保危機不發生；同時應對危機進行追蹤並將所得的情報向危機管理部門報告，使其能夠掌握可靠的訊息評估危機情境，並決定其所需採取的行動。

2000 年 11 月 16 日，國家食品藥品監督管理局發佈《關於暫停使用和銷售含苯丙醇胺的藥品製劑的通知》，宣佈暫停銷售含有 PPA（苯丙醇胺）的 15 種藥品。中美史克公司的兩個主打產品康泰克和康必得均含有 PPA，中美史克每年的銷售額一下子損失了 7 億元的市場佔有率。雖然在 PPA 風波中，中美史克公司有近乎完美的表現，但從危機的預警系統來講，中美史克是非常失敗的。因爲實際上藥監局的決定是在美國耶魯大學的研究報告被國內媒體報導一個月之後做出的，而在耶魯大學報告公佈後，很多國家都禁止了銷售含 PPA 的感冒藥。但在此情形之下，中美史克沒有採取任何預警措施，而是自恃佔有巨大的市場佔有率，並寄希望於政府刀下留情。結果危機驟然降臨，中美史克顯得非常被動。

第三節　組織體系——雷厲風行

企業組織體系是危機管理的第三步。公雞常常受到狐狸的騷擾，於是與狗結爲朋友。到了晚上，公雞在樹枝上棲息，而狗就在樹下洞裏睡覺。

黎明到來時，公雞站在樹枝上像往常一樣啼叫起來。

狐狸聽見雞叫，想要吃雞肉，便站在樹下，恭敬地請雞下來：「我太崇拜你了。多麼美妙的嗓音啊！我真想擁抱你。快下來，讓我們一起跳隻舞吧。」

雞回答說:「請你去叫醒樹洞裏的那個看門人,他一開門,我就可以下來。」

狐狸立刻去叫門,狗突然跳了起來,把他咬住撕碎了。

要想在危機來臨時臨危不亂,就必須有對付危機的專門機構。

一、建立危機管理機構

危機管理機構是正確、及時處理危機的組織保障。建立危機管理機構主要包括五個方面的工作:確立董事會風險監管職責、委任首席危機官或危機管理組長、斟選危機管理小組、確定全員危機管理機制、與專業的危機管理諮詢單位合作。

1.確立董事會危機監管職責

董事會和董事參與制定並批准企業的戰略方向,確認有適當、到位的控制機制,識別、管理和監測那些從其企業的商業戰略衍生出來的商業風險,並權衡企業可接納和承受的風險程度及類型。

(1)我們如何將風險管理和公司的戰略方針及計劃相結合?

(2)我們主要的商業風險是什麼?

(3)我們承擔的風險適量嗎?

(4)我們識別、評估以及管理商業風險的機制有效嗎?

(5)組織成員對「風險」的理解是否一致?

(6)我們如何確保風險管理成為各商業分部的計劃及日常運作中不可或缺的一部份?

(7)我們如何確保董事會對風險管理的期望能傳達給公司的僱員並經由他們得以貫徹？

(8)我們如何確保執行官和僱員們的行爲能夠實現組織的最大利益？

(9)如何在組織內部協調風險管理？

(10)我們如何在適當的風險容忍限度內確保組織的行爲符合經營計劃？

(11)我們如何監測和評價外部環境的變化及它們對組織的戰略和風險管理實務的影響？

(12)對於面臨的風險，董事會需要獲得什麼樣的資訊以幫助履行其管理和治理職責？

(13)我們如何得知董事會瞭解到關於風險管理的資訊是正確和可靠的？

(14)我們如何決定應該發佈那些風險資訊？

(15)我們如何從組織對風險管理程序和活動結果的學習中獲益？

(16)在對風險管理的監督中，作爲董事會，什麼是我們的重點？

(17)董事會如何履行監管機遇和風險的職責？

(18)董事會如何確保至少其部份成員有風險方面所需的知識和經驗？

(19)作爲董事會，我們如何幫助建立「來自高層的聲音」，以鞏固組織的價值並促進一種「風險意識文化」。

(20)我們對董事會在風險監管方面所盡到的應盡職責有多滿

意？

2.委任首席危機官或危機管理經理

由具有高度專業能力，同時在公司有絕對權威的首席危機官（或危機管理經理）領導危機管理小組，進行危機的管理工作。首席危機官不是常設職位，一般由公司高層兼任。首席危機官直接對董事會負責，一旦危機發生，所有的部門都必須服從首席危機官的指揮。

首席危機官的職責是：

(1)制定危機管理方針政策；

(2)確定危機管理戰略與戰術；

(3)制定危機管理計劃，編寫《危機管理手冊》；

(4)提高全員危機意識，並進行危機管理培訓；

(5)領導危機管理小組，對企業的各方面進行評估，防範危機的來臨；

(6)當危機來臨時，迅速做出正確反應，避免或降低危機的危害。

3.建立危機管理小組

危機處理小組是處理危機事件的最高權力機構和協調機構，它有權調動公司的所有資源，有權獨立代表公司做出任何妥協或承諾或聲明　小組成員至少應包括：企業最高負責人、法律顧問、公關顧問、管理顧問、業務負責人、行政負責人、人力資源負責人、小組秘書及後勤人員。

危機管理小組的職責是：

(1)制定危機管理的策略和計劃；

⑵對危機進行監控和預測：

⑶對危機的防範措施和步驟進行監督；

⑷發生危機時，確定危機應對方案；

⑸危機結束後，確定復興和發展方案。

4.確定全員危機管理機制

每個組織成員都必須對自己職責範圍內的危機進行控管。

⑴人力資源部的危機管理職責

描述各部門的危機管理職責，並配合危機管理小組對全體員工進行危機管理培訓。

⑵各職能部門危機管理職責

提高各自部門的危機意識，對各自領域內的危機管理措施進行定期審核，對日常工作中可能發生的危機進行防範。

5.與專業的危機管理諮詢單位合作

不識廬山真面目，只緣身在此山中。由於長期在企業內部，很有可能對企業的危機失去敏感性，因此應該與專業的風險危機管理機構，如風險管理諮詢公司、公共關係諮詢公司、金融保險公司的風險管理服務機構、行業協會等進行合作，借助他們的專業服務能力和經驗，內外結合，使危機管理更有效率、更有效果。

二、危機管理小組成員的選拔

危機管理能力所涉及的因素複雜，是知識、經驗、智力以及情感、意志等因素的綜合結果。一個合格的危機管理人才，

必須具備如下素質：

1.在公司中擁有權威；

2.政治過硬，有高度的責任感，能從戰略高度把握全局；

3.有專業的危機管理知識儲備，瞭解如何正確認識危機、危機的演變週期、危機管理的關鍵原則、危機應對程序的建立、危機防範體系的建立及危機溝通技巧等；

4.具有強烈的危機意識，能夠敏銳地洞察危機的發展；

5.有膽有識，反應迅速，處事果斷；

6.具有冒險精神，敢於打破常規，能夠靈活應對各種複雜情況，敢於迎接挑戰；

7.有強烈的進取精神和創新意識；

8.能夠很好地控制自己的情緒，在外界壓力下，能保持冷靜、臨危不亂、沉著穩健；

9.有耐心，不急於求成；

10.善於溝通和傾聽，能夠通過適當的眼神、聲音或肢體語言取得他人的認同；

11.富有同情心，善於理解他人；

12.精力充沛，能進行長時間工作。

第四節　指揮體系——有條不紊

　　企業的指揮體系，是危機管理的第 4 步。危機指揮系統核心作用是實現緊急突發事件處理的全過程跟蹤和支持，使企業能夠在最短的時間內對突發性危機事件做出最快的反應，並提供最恰當的應對措施預案。

一、危機來臨時的準備期

1.發現危機事件

通過各種徵兆和苗頭監測到危機。

2.呈報危機事件

必須確保呈報系統的暢通。以任何理由瞞報、遲報，甚至不報的行為都是致命的。在危機發生的幾小時內可口可樂就可以聯絡到總裁，不管他正在進行高級談判，還是在加勒比海度假，這是可口可樂嚴密高效的組織協作的體現。

3.啟動危機管理系統

在 24 小時內建立強有力的危機處理班子，24 小時內對危機發生和蔓延進行監控。

4.通知所有員工危機的發生，統一認識

5.確定緊急應變原則和方案

二、危機處理期

根據制定的方針、政策，有步驟地實施危機處理策略，對公眾、媒介、政府、投資者、債權人、合作夥伴進行危機公關。

1986 年 2 月 5 日 10：45～11：45，英國核燃料公司下屬的塞勒菲爾德核反應工廠發生嚴重的霧狀鈈洩漏事故。一時間人心惶惶。

隨後，由於該公司的危機指揮系統僵化，導致其危機應對混亂不堪，造成了惡劣的影響。在這次危機處理過程中，英國核燃料公司發生了以下錯誤：

1.消息發佈不及時。當記者中午給工廠打電話時，工廠的新聞辦公室還沒有作好發佈事故消息的準備，記者得到的只是一個站不住腳的許願：我們將發表一個聲明。而這個聲明在下午 4：00 才公佈，這期間記者一直是提心吊膽地等待著。

2.沒有足夠的新聞發言人員來應付外界蜂擁而至的詢問電話，記者們不得不排隊等候。不確定因素滋長了人們的不安情緒。

3.擠牙膏一樣一點一點地發佈消息，消息前後竟有矛盾的地方。這加劇了人們的恐慌，謠言四起。

4.在這種情況下，新聞辦公室居然在正常的工作時間停止辦公。當探聽消息的人晚間給公司打去電話時，電話總機告之：請留下電話號碼，等新聞人員上班後再回電。迫使記者通過其他途徑瞭解事實，猜測性的報導滿天飛。

三、危機的恢復期

採取各種傳播手段，消除危機造成的各種負面印象，恢復機構的正常運作，重新進行正常的經營活動，重獲公眾的信任，恢復並提升企業形象。

當危機過後，如何讓組織從緊急狀態回到常規狀態，也是一個挑戰。當危機出現的時候，很多組織內部的事務都是以處理危機為首要目標。這些臨時的做法和舉動跟正常運作時是不一樣的。危機時成立的機構與原來的機構是同時運作的，但漸漸前者的作用越來越小，原來的機構逐步發揮正常的作用。準備應對危機和危機後的恢復工作是同樣重要的。這就好比消防部隊救火一樣，有火災時所有的工作都是滅火，但滅火完畢後，還得專門有人負責撤離等後續工作。

心得欄 -
- -
- -
- -
- -
- -

第五節　計劃體系──胸有成竹

　　企業的計劃體系，是危機管理的第 5 步。企業不能有絲毫
鴕鳥心態，認爲危機絕不會降臨到我們的頭上。與其抱著僥倖
心理消極面對，還不如制定切實的危機管理計劃，化被動爲主
動。

　　危機管理計劃是危機管理過程中的指導方針。

一、制定危機管理計劃的原則

　　1.危機管理計劃必須是具體的、可以操作的，不應該有任
何含糊之辭。

　　2.危機管理計劃必須保持系統性、全面性和連續性，應明
確所涉及的組織及人員的權責，對人員進行有效配置，做到事
事有人管、人人有事做，從而使企業全體成員在危機來臨時都
能夠迅速找到自己的位置，發揮主觀能動性。如果危機管理計
劃體系混亂、雜亂無章，相關人員就會反應遲鈍、迷茫無助或
混亂不堪。

　　3.危機管理計劃必須保證其靈活性、通用性和前瞻性。由
於企業所處的環境瞬息萬變，加之危機發生時的情形充滿未
知，因此危機管理計劃不能過於僵化和教條，不要把重點放在

細節上，也不要把精力放在描述特定的危機事件上，確保企業在遭遇沒有預知的緊急狀況時，能夠在遵循總體原則的前提下，採取針對性的策略和方法。

4.危機管理計劃的制定應該是全員參與的，應該是決策者、管理者及執行者精誠合作的結晶。沒有決策者的重視，或者執行者的積極回應，危機管理計劃只會成爲漂亮的擺設。因此應促使危機管理計劃的實施者對計劃瞭若指掌，完美地將危機管理計劃付諸實施。

5.危機管理計劃的制定應建立在對資訊的系統收集和系統傳播與共用的基礎上。負責制定和實施危機管理的人員應充分瞭解企業內部及外部的資訊，並及時充分地溝通。同時應和相關利害關係(如政府部門、行業協會以及緊急服務部門等)各方加強聯繫。企業如果沒有系統地收集制定危機管理計劃的資訊，就會在制定危機管理計劃時顧此失彼、漏洞百出。

6.對細節給予最認真的關注，細節成就完美。任何一個細節的疏忽都可能導致災難性的後果，任何人都必須從根本上認識到，他的一舉一動都事關公司的聲譽和未來。

7.應有標準的報告流程和清晰的業務流程。以確保資訊及時充分地溝通以及危機反應計劃能迅速有效地實施。

8.應有輕重緩急、主次優劣的區分。首先對危機管理的目標應有優先序列，同時對系列的危機也應先急後緩、先重後輕。

9.必須有危機管理的預算。危機管理預算和行銷預算同等重要。制定危機管理計劃必須根據自身的人力、物力、財力資源爲基礎，而不能以危機事件的種類爲依據，否則危機管理計

劃只會成爲水中月、鏡中花，沒有任何現實意義。

10.爲保證計劃的有效性，應定期對計劃進行檢查及更新。最好的危機管理計劃是能夠解決問題的計劃。制定好危機管理計劃後，並不是萬事大吉，更不能束之高閣，而是應定期組織外部專家及內部責任人員定期進行核查和更新，否則就可能發生用過時的軍用地圖去制定作戰方案的悲劇。

二、危機管理計劃書的內容

完整的、書面的危機管理計劃書應包括以下二個部份：

1.序曲部份

⑴封面：計劃名稱、生效日期及文件版本號。

⑵總裁令：由公司最高管理者致言，並簽署發佈，確保該文件的權威。

⑶文件發放層次和範圍：明確規定文件發放層次和範圍，確保需要閱讀或使用本計劃的人員能夠正確知悉本計劃的內容。同時文件接收人應簽署姓名和日期，以表明對本計劃的認可。

⑷關於制定、實施本計劃的相關管理制度：包括保密制度的制定、維護和更新計劃、計劃審計和批准程序以及啓動本方案的時機和條件。

2.正文部份

正文部份通常包括 12 個方面的內容：

⑴**危機管理的目標和任務**

主要是對建立危機管理體系的意義在企業中的地位和要達成的目標進行描述。

⑵**危機管理的核心價值觀和企業形象定位**

這是企業進行危機管理的綱領。強生公司在「泰諾」中毒事件中成功的關鍵是因爲有一個「作最壞打算的危機管理方案」。而這一危機管理方案的原則正是公司的信條，即「公司首先考慮公眾和消費者的利益」。這一信條在危機管理中發揮了決定性的作用。希爾頓飯店爲長遠發展訂下了兩條原則：一是顧客永遠是對的；二是如果顧客錯了，請參看第一條。希爾頓把顧客擺到了絕對沒有錯誤的位置上，真正體現了顧客至上的理念。

⑶**危機管理的溝通原則**

危機管理的核心是有效的危機溝通，是保持對資訊流通的控制權。危機管理的溝通原則包括內部和外部溝通原則，爲危機管理的溝通定下基調。

①員工溝通原則。

②對受害者的溝通原則。

③對公眾的溝通原則。

④媒體溝通原則。

⑤對政府的溝通原則。

⑥對股東和債僅人的溝通原則。

⑦對供應商和經銷商的溝通原則。

⑧對競爭對手的溝通原則。

⑷**建立危機管理小組**

①確定首席危機官或危機管理經理。

②確定危機管理小組的成員，並對各成員的權責進行描述和界定。

③培訓和演習方案。

④替補方案：如果在危機發生後，危機管理小組成員因故不能履行職責時，人員替補方案及計劃變通方案。

⑤外部專家組成員。

⑥指揮、溝通與合作程序。

⑸**危機管理的財物資源準備**

①危機管理計劃的預算：包括危機管理小組的日常運轉費用，危機管理設備的購買、維護和儲備的費用以及危機管理計劃實施的費用。

②財物資源的管理：由誰管理，通過何種途徑獲得，如何管理等。

③財物資源的應急措施：當企業所儲備的資源用完後，應如何獲取相應資源。

④財物資源的維護制度，定期檢查、修理或更換制度等。

⑤財物資源的使用制度：由誰使用，如何使用等。

⑹**法律和金融上的準備**

緊急狀態下在法律和金融方面的求助程序。

⑺**危機的識別與分析**

①識別危機：對企業的薄弱環節及內外部危機誘因進行列舉。

②分析危機：對危機發生的概率、嚴重性進行分析和評估。

(8)危機的預控措施

①預控的政策。

②檢查和督促。

(9)危機的發現、預警和報告程序

①建立危機預警體系的程序。

②由誰建立、改進和維護危機預警體系。

③如何界定危機資訊。

④危機資訊彙報的原則和程序。

⑤危機預警後的反應措施。

(10)危機的應變指揮程序

界定不同的危機的應變方式和危機管理人員的應變職責。

①啓動危機管理程序。

②確定危機應對方案：如何減少損失和消除負面影響。

③危機管理小組成員工作的原則和程序。

④資訊彙報制度。

⑤決策制度。

⑥人、財、物的調度制度。

⑦內部和外部溝通制度和程序。

⑧求助程序：向那些機構或組織尋求幫助。

(11)恢復和發展計劃(Business Recovery Planning)

①恢復和發展的原則。

②危機帶來那些長期影響，如何消除影響。

③如何恢復正常的組織運營程序和經營活動。

④危機管理小組成員在危機後的工作安排。

⑤回答員工關心的問題，統一員工想法。

⑥解除外部公眾和媒體的疑問。

⑦穩定債權人、股東、供應商和經銷商隊伍，爭取支持。

⑧積極與政府部門配合。

⑨贏得競爭對手的尊重。

⑿**危機管理的評估**

危機結束後，對危機管理的評估程序。

①文件存檔

②估損失

③檢討危機管理行為

第六節　評估和分析體系——前事不忘

最後一步是要評估、分析。危機分析評估體系是一個事後處理系統，同時又為將來可能發生的危機提供決策資訊。通過對已發生危機相關數據的分析，找出其中的特徵與規律，制定出切實可行的危機管理解決預案，實現對危機趨勢的預測分析，從而輔助有關部門制定相應的預防策略。

1.**恢復機構的正常運作**

制定恢復正常運作的程序及執行人員的職責。

2.文件存檔

所有有關危機的新聞報導、公司文件等都必須清楚記錄，並整理入檔，以備用於索賠、呈報或訴訟等。

3.事故調查

一是調查導致危機的根本原因，並制定有效的防範措施；二是調查危機管理人員在危機管理過程中是否有失職現象。

4.損失評估

有形資產的損失和無形資產的損失。

5.總結

總結在危機管理和危機處理過程中的成功之處、存在的問題及改善方案。

在公共危機中，企業是向左走，還是向右走，是趁火打劫還是雪中送炭，會在公眾心目中留下完全不同的形象。如果是從長遠的角度出發，站在良心的一邊，以社會和公眾的利益為重，則品牌的美譽度會快速地提升；但如果企業急功近利，站在銅板的一邊，為了商業利益不擇手段，使危機雪上加霜，則會嚴重危及企業和品牌形象。

瑞士的羅氏公司是全球第六大製藥企業，在 2003 年面對非典的表現和 2006 年面對禽流感的表現就是截然不同的，其傳播效果也是有天壤之別的。

我們先看看 2003 年非典期間羅氏公司的表現。2003 年 2 月 8 日，一條令人驚懼的消息以各種形式迅速蔓延——廣州出現流行疾病，幾家醫院有數位患者死亡，而且受感染者多是醫生。「死亡」讓不明真相的人大為恐慌，謠言四起。2 月 9 日，

羅氏製藥公司於廣州召開媒體見面會，聲稱廣東發生的流行疾病可能是非典且產品「達菲」治療該病療效明顯。羅氏公司的醫藥代表也以「達菲」可以治療該病而敦促各大醫院進貨。該媒體見面會的直接後果是為正在浪尖上的謠言推波助瀾，廣東、福建、海南等週邊省份的醋、板藍根及其他抗毒藥品脫銷，價格上漲幾倍至十幾倍，各投機商大發「國難財」。而「達菲」在廣東省內的銷量伴隨謠言的傳播驟增。2 月 8 日前廣東省內僅售出 1000 盒，2 月 9 日後銷售量飆升到 10 萬盒。曾有顧客以 5900 元買下 100 盒「達菲」。2 月 15 日，《南方都市報》發表署名文章「質疑『達菲』:『非典』恐慌與銷量劇增有何關係？」指責羅氏製藥蓄意製造謠言以促進其藥品的銷售，並向廣東省公安廳舉報。羅氏公司的商業誠信和社會良知受到公眾質疑，其企業形象一落千丈。

由於羅氏公司對其在非典期間失敗的危機管理進行了總結和反省，2006 年羅氏面對禽流感的表現就大大不同。禽流感爆發以來，羅氏公司成了人們關注的焦點之一，原因是這家世界級的藥品公司擁有「達菲」的生產經營權力，這種藥品被證明應對禽流感最為有效。因此「達菲」幾乎已經等同於「戰備物資」了。

面對日益緊迫的疫情上，羅氏公司採取了如下措施：

(1)加速企業申請和認證的程序。羅氏準備與具備生產能力或可以協助生產的政府或公司合作製造「達菲」，用於疫情突發時使用。但該合作生產的審批是嚴格的，必須依照品質認證、安全體系等規範條例進行。目前上海醫藥集團已獲授權。

(2)羅氏與中國衛生部溝通後，決定暫時停止在市場上公開銷售「達菲」，所有儲備交給衛生部實行藥品統一調配。

(3)公司總裁胡摩爾(HUMER)博士明確表明，如果疫情大規模爆發，羅氏公司將爲世界衛生組織無償提供 300 萬盒達菲膠囊。

(4)羅氏與很多公司達成協議，如果禽流感爆發，羅氏將提供全面的幫助，並已經把達菲膠囊的價格降低了一半多；在已經發生過禽流感的地方，羅氏公司提供了可以溶化在飲用水中服用的粉末，這樣就可以大大降低藥品的價格。

可見，在 2003 年非典期間，羅氏公司是一個落井下石的奸商，慘痛地丟了形象分數；而在 2006 年禽流感越來越嚴峻時，則以一個誠信、大度、負責任的企業公民的形象成功地扳回了分數。

心得欄

第 3 章

危機處理步驟

　　危機處理指的是在危機爆發後，為減少危機的危害，按照危機處理計劃和應對決策對危機採取直接的處理措施。危機對企業造成危害的大小，以及企業能否轉危為安，都取決於危機處理的有效程度。

　　危機處理一般可以分為隔離危機、處理危機、消除危機後果、維護組織形象和危機總結等幾項內容。其過程如圖所示。

圖 3-1　危機處理過程及其與危機階段的關係圖

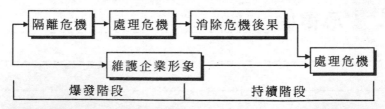

　　隔離危機、處理危機和消除危機後果是三項主要內容，三者之間有明顯的先後順序關係；維護組織形象這一職能的主要內容是如何消除危機對組織的社會形象造成的不良影響，儘管

它對企業的危害是間接的，但在危機的爆發階段和持續階段始終存在，因此不可忽視；危機總結是整個危機處理的最後環節，對於組織積累經驗，借鑑未來都有十分重要的意義。

第一節　隔離危機

在傳染病中，為防止病情蔓延，首先要對病人採取隔離措施，對於危機處理來說同樣如此。企業危機往往首先在某個局部地區發生，但企業是個整體，各部分之間聯繫緊密。在這種情況下，第一步所做的就是要隔離危機，以免造成更大損失。隔離危機就是切斷危機蔓延到企業其他地區的各種可能途徑。

一、人工隔離

即在人力上進行明確的分工，一部分處理危機，另一部分照常維持日常工作。危機處理計劃首先應對組織的領導者進行分工，規定如果危機發生，領導人中何人專司危機管理，何人負責日常工作；其次在一般人員中，那些人參加危機處理，那些人堅守原工作崗位也要明確規定。如果狀態緊急，根據危機實際情況再作進一步的調整，不能因危機發生造成日常管理無人負責，日常工作陷於停頓而使企業造成更大的損失。

著名的「好萊塢門」事件從反面證明了人員隔離的必要性。

當時哥倫比亞製片公司董事會主席赫思奇弗爾德是電影行業中的佼佼者，他手下有個得力助手叫貝傑爾曼，擔任哥倫比亞電影製片廠廠長。貝傑爾曼在付給演員羅伯特遜的一張支票的過程中仿造了羅的簽名，利用它貪污了一萬美元，而羅卻成爲受害者，這就是「好萊塢門」事件。

事件爆發以後，主席赫思奇弗爾德面臨兩種選擇：

1.他可以把危機處理任務委託給他人，而使自己抽出身來管理公司事務；

2.他也可以把公司事務暫時委託他人，自己著重處理危機。

赫思奇弗爾德想兩頭都想抓。結果危機支配了他的大部分精力與時間，使他對公司事務的管理不時被打斷，而公司股票價格又下跌，最終落得個爲「可口可樂公司」收買的結局。這個事件足夠讓我們吸取必要的教訓。

二、事故隔離

即對危機本身的隔離。對危機的隔離應從發出警報時開始。報警信號應明確危機的範圍，以便使其他部分的正常工作秩序不被影響，同時，也爲處理危機創造有利條件。

在美國三里島危機中，事故發生後幾分鐘，幾乎有一百處拉響了警報，使得危機處理人員無法確知事故發生在何處，該到何處集中。因此，報警信號必須明確無誤，這是危機隔離的至關重要的一步。例如，在列車行車事故中，除了搶救傷患以外，首要關鍵的就是開通線路，線路一分鐘不通，危機危害就

不停地擴大，所引起的連鎖反應也會持續不斷地漫延。只要線
路開通，就意味著危機已被隔離，全局得到控制。

第二節　找出主要危機

　　在識別和找出主要危機的基礎上，危機處理就可以做到集
中力量，有的放矢。主要危機得到控制，其他問題自然迎刃而
解。

　　1946 年，三個北歐國家瑞典、挪威和丹麥將各自的航空公
司合併，成立了斯堪的納維亞民航聯營公司。1979 年第二次石
油危機以後，燃料成本在一年內翻了一番，客運量的增長勢頭
卻停止了。在劇烈的「價格戰」面前，北歐航聯的收入從 1979
年到 1981 年逐年減少，每年盈利 1700 萬美元變成虧損 1700
萬美元。這時，瑞典著名管理專家卡爾森入主北歐航聯，他經
過分析，認為主要危機在於公司客源不暢，應當採取有力措施
招徠旅客，特別是商業旅客。

　　以往的狀況是商業旅客由於商務纏身，行蹤難定，所以不
可能及早訂座，因此享受不到旅遊者的優惠價格。他們實打實
地按價付錢，但上了飛機後，受到的招待卻差強人意。比如商
業旅客在斯德哥爾摩用 400 美元買張去巴黎的客票，到頭來卻
得到緊夾在兩個旅遊者中間的座位，而後者只花了兩百美元，
這在很大程度上影響了商業旅客客源。卡爾森對症下藥地說，

北歐航聯應改弦易張，把自己辦成一家獨具特色的「商業旅客航空公司」。

　　卡爾森就此展開行動，增設歐洲商業旅客專艙，取名為「歐洲艙」。所謂歐洲艙不過是取消頭等艙，把商業旅客安置在機艙前部，用一道屏風將他們和旅遊艙隔開。在「歐洲艙」裏，旅客們有更大的空間舒肢展腿，可享用到免費飲料和特種餐。在機場裏，他們還能在專用櫃檯迅速辦理登機手續，還可以在裝有電話、用戶電報等設施的候機室裏進行工作。

　　卡爾森增設「歐洲艙」這一招，事實證明是成功的。統計表明，1982 年，乘坐「歐洲艙」的旅客人數上升了 8%。此後，北歐航聯又在橫越大西洋的班機上，也增設商業旅客專艙，使這類遠端航線的虧損也得到遏制。結果，當年民航客運業務的收入提高了 25%，徹底消除了虧損。

心得欄

第三節　果斷行動，控制危機

危機爆發後，會迅速擴張。處理危機應該採取果斷措施，力求在危機損害擴大前控制住危機。

美國 1959 年的克蘭梅事件，就是一個危機控制得當極爲成功的例子。

克蘭梅是一種深紅色的酸性果實，是美國人感恩節餐桌上必不可少的一道佳品。1959 年感恩節前的 11 月 9 日，美國衛生教育福利部部長弗萊明突然宣佈，當年的克蘭梅作物由於除草劑污染，經過試驗證明已含有致癌物質。他又說，雖然沒有確切證據表明這種果實會在人們身上確實產生癌，但他奉勸公眾謹慎從事。

弗萊明的講話正值食品商店裏克蘭梅旺銷之時，其影響是可以想像的。爲換回頹勢，製造克蘭梅果汁和果醬的海洋浪花公司立即發起了一場反擊。

他們首先成立了七人小組，向新聞界作出說明，並在第二天(11 月 10 日)舉行記者招待會，還在全國廣播公司「今日新聞」電視節目中，安排了一個專訪，繼而又在紐約籌辦了一個食品雜貨製造商會議，讓副總裁史蒂文斯在會上澄清此事，接著，他們又打電話給弗萊明，要求他對這無法估計的損失負責任，並敦促其採取必要的措施。11 月 11 日星期三，致電總統

艾森豪，請求他把所有克蘭梅種植地區劃爲災難區；同時另發一電報給弗萊明，通知他公司已提出控告，要求賠償損失一億美元。在此期間，他們還不停安排記者訪問，指責弗萊明的不公平、不適當的地方，他們還特別邀請了當時打算競選總統的尼克森和甘迺迪上電視，前者吃了 4 份克蘭梅，後者喝了一杯克蘭梅汁。從 11 月 13 日起，有關人員就在衛生教育福利部與公司之間調停，尋找解決危機的方法。9 天后，當法庭開庭時，雙方達成一份協定，對這批克蘭梅作物是否對人體有害進行化學試驗。當這份協議向公眾宣佈時，克蘭梅又在感恩節前夕回到食品架上。這一年雖然銷售量低於去年，但公司的努力使危機沒有擴大，也使企業最終化險爲夷。

第四節　堅持不懈，排除危機

　　企業採取的危機處理措施往往不一定能在短期內奏效。面對這種局面，企業領導人是否沉著鎮定，能否努力不懈，這一點顯得尤其重要，有時局勢的轉換就來之於恒久不已的堅持。

　　豐田喜一郎於 1933 年創辦了豐田汽車公司，後曾一度陷入經營困境。二戰後豐田重建時，豐田已是債臺高築。據統計到 1950 年，註冊資本僅 21000 萬日元的豐田汽車公司，負債卻高達 10 億日元。無奈之下，豐田喜一郎引咎辭職，由原豐田自動紡織機械公司副總經理石田退三繼任豐田社長。

　　石田上任後，爲解決公司的財政危機，幾乎天天出門，與公司財務部長花井正八到各家銀行尋求貸款，但是處處碰壁。然而他們毫不氣餒，繼續奔走於各家銀行之間。最後他們在日本銀行（中央銀行）名古屋分行行長高梨壯夫那裏找到了希望。高梨聽取石田的陳述之後，認爲汽車工業前景光明，而石田、花井提出的策略也頗爲可行，於是破例答應資助豐田公司。這筆貸款挽救了豐田公司，使豐田起死回生。緊接著，朝鮮戰爭爆發，美國軍事的特殊需求刺激了日本經濟，也給豐田汽車帶來無限商機。美軍向豐田公司購買了上千輛軍用汽車，豐田就此走上復蘇之路。

第五節　處理危機與振興企業相結合

　　造成企業危機的原因錯綜複雜，其解決之道也多種多樣，一個成熟的企業家，往往能高瞻遠矚，透過黑暗看到光明，透過危機看到希望，把危機處理與企業的振興結合起來，這其中，能夠指出企業的方向和未來，就相當於使企業邁出了走向成功的第一步。

　　1945 年，日本戰敗，國力弛廢，百業凋敝。經營造船的石川島播磨公司，更是一蹶不振。許多人都斷定日本的造船業前途渺茫。這一年剛過 50 歲生日的士光敏夫受命於危難之際，出任石川島播磨造船公司的總經理。士光冷靜分析了世界經濟形

勢，認爲戰後各國經濟的恢復、發展，對石油的依賴必然越來越大，因此需要大量油輪。建立海上輸油線已漸成必要；而從經濟角度來講，使用十萬噸級的超級油輪比用萬噸、千噸級油輪要划算得多，所以超級油船必然供不應求，而造大船正是石川島播磨公司的特長。士光作了反復調查，決定破釜沉舟，將石川島播磨播磨公司從危亡邊緣拯救出來。在企業面臨破產之際而敢於下決心建造當時人們難於想像的 20 萬、30 萬噸級的巨型油輪，我們不得不佩服士光的雄才大略與遠見卓識。

在他的主持下，石川島播磨公司陸續造出世界上從未見過的 20 萬、30 萬噸級巨型油輪。10 年之後，日本造船業在士光敏夫的帶動下，已經稱雄於世界造船業了。當時世界上每十艘超級巨輪，便有 8 艘是日本所造的，石川島播磨公司也成了世界上最大的造船廠之一。

第六節　要維護企業形象

危機的發生會給企業形象帶來十分不利的影響。在有些危機中，這種不利影響甚至會上升爲危機對企業造成的最主要的危害。因此在危機處理中，維護企業形象在危機處理中也是必不可少的。

在危機處理中，公共關係部門應擔負起這方面的責任。維護企業形象具體可以從以下三方面著手：

一、把公眾利益放在首位

企業的良好形象離不開公眾的支援，所以要維護企業形象，首先要拿出實際行動維護公眾利益。當危機發生後，企業應把公眾利益放在第一位，而不能一味顧及自身付出的經濟價值。

如果是產品不合格引起的惡劣事故，應立即收回不合格產品，並立即組織隊伍，對不合格產品逐個檢驗，同時通知銷售部門立即停止出售這類產品，然後，詳細追查原因，作出改進。

1982 年，美國芝加哥有幾人因服用了一種叫做泰洛納(Tylenol)止痛鎮靜藥而死亡。人們紛紛傳言藥物受到了氰化物的污染。面對企業將遭受致命打擊的緊要關頭，生產廠家約翰遜公司立即採取了一系列措施以表明公司保護公眾利益。如在事發後一小時內對該批藥物進行了化驗，並通知 15 萬個用戶收回這批藥，在報刊上公開道歉，還派專家到芝加哥建立一個實驗室以檢驗這批藥物在該地區受到污染的程度。後來終於查明，這是一個搗亂者蓄意造出的惡劣事故，公司的信譽很快得以恢復。

二、善待被害者

對危機的被害者，企業經營者應誠懇而謹慎地向他們表明歉意。同時，必須週到地做好傷亡者的救治與善後處理工作。

尤其重要的是，應冷靜傾聽被害者的意見，耐心聽取被害者關於賠償損失的要求以確定如何賠償。有時被害者有一定的責任，但不應過多地計較，以避免因為企業辯護而帶來的不利影響。

對待消費者，可通過適當向消費者頒發關於事故解釋的書面材料。

如火災、爆炸等事故給當地居民帶來了損失，企業應向當地居民登門致歉。必要時，應賠償經濟損失。

三、爭取新聞界的理解與合作

新聞媒介報導對企業形象有著重要而廣泛的影響，在危機處理過程中，企業要與新聞界真誠合作，盡可能避免對企業形象的不利報導。

事故如何向新聞界公佈，公佈時如何措詞，應事先在企業內部統一認識，反復斟酌。說明事故時應力求簡明扼要，避免使用技術術語。要選擇恰當的表達方式，如發言人要用肯定有力的音調講話，不能表現出遲疑吞吐；回答問題時可以以我為主，不必死扣問題；儘量避免用否定詞把自己想表達的內容和觀點巧妙摻入到對問題的回答中等等。為了避免報導有誤，重要材料應以書面形式發給記者。

企圖掩蓋事實只能引起記者的反感，所以應該認真回答記者提問，誠實地公佈事故的全部真象，也可以同時說明企業已取得的成績和為防止危機所做的努力，儘量引導公眾對危機和

企業獲得全面的正確的印象。

　　如有的事項確實無法向記者發表，應說明理由。比如在發生火災之後，記者往往會詢問起火原因。對此，企業發言人可以做出請他們到消防部門去問，企業方面暫時無法作出說明的回答；火災後，新聞界人士常常會要求企業就火災造成的物質損失作出估算，企業發言人可以這樣告訴記者，企業當局已將火災通知了財產保險公司，將由他們派員來確定損失金額；對於有關人員傷亡的詢問，一般也應讓記者到消防部門、急救站和當地醫院去核實。這種回答既成熟又巧妙地維護了企業的形象，因此常常贏得新聞界的同情態度，從而避免了渲染誇張的消極報導。

　　一些需要特殊處理的危機，也要與新聞界進行良好的協作，並申明有關理由。

心得欄

第 *4* 章

危機溝通管理

第一節　危機管理中的溝通原則

　　危機管理中的溝通是指以溝通為手段、以解決危機為目的所進行的一系列化解危機和避免危機的過程。有效的危機溝通可以降低危機的衝擊，甚至化危機為轉機。在危機發生的情況下，如果沒有適度的對內、對外的溝通，小危機有可能轉化為大危機，甚至導致企業的一蹶不振。所以，溝通在危機的處理中有著重要作用，不容忽視。

　　要做好危機溝通工作，必須解決以下問題：

　　①誰是企業的新聞發言人？

　　②誰負責與企業員工溝通？

　　③誰負責與新聞媒體溝通？相關電視、報紙、收音機節目如何錄製？

④要通知那些相關的主管部門？由誰負責？

⑤各類相關的資訊怎樣篩選？具體負責人是誰？

⑥企業是否安排了公開電話？外界電話諮詢時如何回答，由誰負責回答？是否有外文翻譯？

⑦電子郵件在大型企業中，可以被用來當做快速溝通的工具。電腦中是否已裝載了相關人員的大容量的電子郵件信箱？

危機溝通的基本原則——5S原則：承擔責任原則(Shoulder the Matter)、真誠溝通原則(Sincerity)、速度第一原則(Speed)、系統運行原則(System)、權威證實原則(Standard)。具體講，這些原則貫穿在危機溝通的各個不同階段。

1. 危機發生前

(1)與公眾建立良好的溝通關係

任何企業，其關係都是多方面的。在一切正常的時候，我們也許感覺不到與各方面保持良好關係的重要。但「天有不測風雲」，許多事情是無法預料的，一旦出現危機，良好的關係就會在處理危機中發揮重要作用，所以，一個企業平時要主動與政府公眾、社區公眾及其他社會團體協調關係，以保障危機來臨時溝通工作的順利開展。

(2)確定危機聯繫網路

企業要有危機預警機制，特別是要準確地記錄下有關人員的單位位址、電話、傳真、電子郵件位址以及家庭住址等，以備危機時啓用。

2. 危機處理中

企業應以公開、誠實守信，勇於承擔責任的形象展示給公

眾。

⑴控制事態

企業必須控制住問題的進一步擴展。物質上的控制主要指防止某種造成不良影響的產品進一步擴散，例如某個問題影響了某種產品，應該立即指明這一點，停止其他用戶使用；控制精神損失時，可以利用諸如「這只對某某方面有影響」的話來告知公眾。

⑵開誠佈公

企業要做到坦率、忠實和直率，告訴人們事實真相，增加組織的透明度。而且要儘量避免一些具有保護性的法律用語，如「在調查沒有完成之前，我們不作任何評論」這類言論給人感覺過於冷淡，缺乏人情味，疏遠了組織與公眾之間的距離。

⑶勇於承擔責任

在危機處理過程中，要實事求是，勇於承擔責任，不要試圖掩蓋事實真相、推卸責任；否則，只能招致公眾的反感和抵抗。如 2004 年消費者高歌索賠雅芳公司一案以雅芳賠付181269.83 元而告終。雅芳公司在處理化妝品過敏的案例中就違背了勇於承擔責任這一原則，一直把責任推給專賣店，拒絕對消費者進行精神賠償，導致消費者從 2002 年事件發生，到2004 年的憤而起訴。這個事件對雅芳公司的百年品牌的打擊是難以估量的。

⑷迅速採取行動

遇到危機時的反應速度是企業能否儘快轉危為安的重要因素。在發生危機後，要及時採取一系列的補救行動，要讓公眾

瞭解組織是非常重視這件事的，並且如何就發生的事件採取行動，計劃將來怎麼做，這些信息對溝通協調很重要。

3.危機後期

危機後期的工作是指危機局勢基本得到控制以後而開展工作的階段，它是危機管理工作的重要組成部分，不應該被忽略。應該注意做到以下幾點：

(1)繼續關注和安慰所有的受害人及其家屬。進一步表明企業重建的決心和信心，期待對方的理解和支持。

(2)在不同時期、不同場合，增強「預防就是一切」的管理意識。

(3)重建與公眾聯繫的管道。

(4)做好公益事業或者開展社區工作，支持地方經濟和社會建設，重建信譽，重樹形象，補償對環境的損失等。進一步強化企業在公眾心目中的社會責任，獲得持久的認可和支持，溝通協調各方面的關係。

心得欄

第二節　危機的企業內部溝通

一、企業內部有效溝通的重要性

1.內部溝通不暢會引發危機

企業內部溝通不暢，企業的管理工作就無法順利進行，管理者就難以及時發現企業中出現的新情況、新問題及管理過程中出現的偏差，不能採取相應的措施去預防，企業的反應能力相應就會下降。在當今市場競爭激烈、環境變化迅速的情況下，企業反應不靈敏也會導致危機的發生。

2.內部溝通不良不利於處理危機

在危機發生的情況下，企業內部溝通工作是否順利開展決定著能否有效消除危機帶來的影響。如果組織內部溝通不良，信息交流就很難快速而準確，不利於管理者合理迅速決策，不利於員工準確執行，這樣，危機反應管理和危機恢復管理工作就很難展開，危機造成的損失會更大。組織內部的信息溝通要及時、真實，要明確地將企業實際情況向員工迅速傳達，尤其是那些危機及危機管理中涉及員工切身利益的信息。要使員工瞭解企業利益和員工利益的利害關係，瞭解應該如何避免和緩解風險，並表明企業中管理層的支援態度。

二、企業內部溝通的主要內容

1. 目標溝通

目標溝通是指要強調整體目標，使企業內部員工認識到自身的利益與組織利益、組織整體目標的一致性，進一步加強相互配合、協調，從而減少企業與內部員工間不必要的矛盾、衝突，以便企業在處理危機時能夠得到員工的支持和配合。

2. 想法溝通

危機對社會公眾、員工生活或生存狀態影響越大，就越容易令員工產生不安的情緒。例如，當危機威脅到企業的生存與發展時，企業內部就會人心惶惶，社會上則會有各種小道消息廣泛流傳。而及時的溝通則可以凝聚組織的向心力，振奮員工精神，鼓舞員工士氣。企業的管理者可以通過個別談心、召開集體會議、座談會等方式統一認識，以防止認識上的片面性。

不要被動地在媒體宣傳之後再對企業成員說明事件的始末。正確的做法是在員工從外界知道關於企業危機的消息之前，就讓他們瞭解情況。如果他們瞭解了事實，就會把事實告訴顧客和朋友。這樣做所起的作用往往比公共關係部門發放宣傳資料更有效。

3. 信息溝通

溝通是傳達交流信息情報的過程。信息溝通的流暢是危機發生時組織內部協調合作的前提。危機發生後，企業應該就所發生的事情迅速地向員工作一個客觀、簡要的介紹，一定不要

帶有明顯的防範色彩。

　　例如在 1999 年 6 月比利時發生的可口可樂中毒事件中，爲了減少此事件對中國國內市場的影響，可口可樂中國公司充分利用中國本土員工的才智，安然渡過了危機。可口可樂公司在比利時政府衛生部決定禁止銷售所有在比利時生產的可口可樂和芬達等飲料的同時，可口可樂公司北京辦事處的全體員工就被電話告知此事件。6 月 15 日一上班，北京辦事處員工的電腦裏，通過公司內部 Internet 絡就傳來了關於危機事件的所有消息、發現的問題及統一對外的原則。這樣，員工不僅瞭解了事件的情況、公司的境況，更有一種被尊重的感覺，因而在後來的對外公關中，可口可樂中國公司步調一致、聲音統一，組織內部信息總是保持快速有效、和諧一致的流動，通過各方面努力，最終安然渡過了危機。這是可口可樂公司在危機中成功進行有效內部溝通的典型事例。

三、企業內部溝通的途徑

1.企業內部員工大會與部門會議

　　召開員工大會與部門會議是企業說明重要問題的一貫做法，也是最權威、最正式的內部溝通方法之一。當員工人數比較多而且比較集中時，召開員工大會方便快捷，但要注意的是，應該留有大量的時間用於回答員工的問題，傾聽他們的評論和建議。當企業員工人數比較少或者分散在許多地方時也可以召開電視、電話會議，而且電話也往往是最有效的。當處在不同

位置的幾組員工需要及時知道信息而且能有機會提出問題並給予回饋時，電話會議也是一種有效的溝通方式。如果所宣佈的事件並不是很緊急或者企業太龐大無法召開員工大會時，部門層次的會議就是合適和有效的形式。在企業高層決策者簡要傳達後，各部門的經理可以根據各自的領域進行發言，以表達他們對組織所採取行動的支援和信任。會後再回到各部門，把有關精神及時傳達到本部門員工，但也要留出足夠的時間來回答員工的問題或聽取他們的意見和評論。

2. 企業內部網路

當今社會信息的傳播手段多種多樣，Internet 已經成爲人們交流信息的主要工具之一。Internet 信息傳播速度快、傳播面廣的特點特別適合危機發生情況下組織的內部溝通交流。企業可以採用電子郵件、網路尋呼或者 BBS 等方式，隨時向員工發佈最新的重要消息，提供最新的管理策略，以及尋求員工們的建議和支持。如可口可樂公司在危機時以 Internet 統一發郵件的形式效果就很好。

3. 使用標準化溝通方式

企業可以對危機管理中的一些重要內容採用標準化溝通方式，如格式化報告、調查表、格式化記錄、編印簡報、製作公告牌等。標準化溝通方式包括程序的標準化和內容的標準化。標準化溝通方式是爲了溝通那些危機管理中的重要內容或常規內容。但是，在危機發生的情況下，由於這些工具本身出版週期比較長，不利於危機管理中快速反應的需求，但是可以成爲一些關鍵的需要保存的信息傳播的載體。這些內容必須是危機

管理者可以事先確定的，如果危機管理者無法事先確定未來危
機管理實踐中需要溝通的內容，就不能採用標準化溝通方式。

4.非正式管道溝通

由於人們一般認為朋友和親人不會欺騙自己，因此非正式
組織成員之間往往有更高的信任度，在溝通過程中，可以抵抗
不信任或者不重視造成的內部干擾。在危機開始階段，信任起
著更為重要的作用，因而用非正式管道進行溝通可以產生更好
的效果。因此，一般情況下，不少企業多採用在內部隨時發佈
信息，及時向員工通報企業有關情況的方式來間接達到非正式
管道溝通的效果。

第三節　與受害者的溝通

一、與受害者的溝通技巧

在危機發生的情況下，政府或企業對受害者的態度和相應
的做法不僅影響著受害者本身對政府或企業的看法，同時也是
政府與企業樹立形象和信譽的一個關鍵因素，這是關係到危機
能否順利化解的關鍵。面對受害者，管理者可以參考如下做法。

1.瞭解情況，主動承擔起責任

管理者可以派出專人或者自己親身去看望受害者，表示慰
問，並認真瞭解受害者的情況，冷靜地傾聽受害者的意見，真

誠地表示歉意，主動承擔相應的責任，即使受害者有一定責任，一般也不要去追究，更不應該在談話中流露出來。

2.主動溝通，賠償損失

負責溝通的人應該主動瞭解和確認受害者的有關賠償要求，向受害者及家人講清企業關於賠償的條件與標準，並儘快落實。如果受害者或家屬提出不合情理的、企業無法滿足的要求，溝通者要注意溝通的技巧，儘量策略一些，避免在事故現場與受害者及其家人發生口角，要努力做好解釋工作，爭取對方的理解。例如可以在合適的地方單獨與受害者或其家人進行溝通，有分寸地讓步；如果拒絕的話，則要注意採用委婉的方式，態度要誠懇，語氣避免冷淡生硬。

3.提供優質的善後服務

不論企業是否應該承擔責任，企業在危機的處理過程中都要始終主動出擊，做好善後工作。除了安排專人慰問探望之外，還應盡可能提供服務與幫助，盡最大努力做好工作。這樣可以得到受害者或其家屬的原諒乃至感激，最終有利於危機事件的進一步處理。

二、與新聞媒體的溝通技巧

1.主動、有選擇性地與媒體溝通

在現代社會中，報刊、廣播、電視、網路等媒體的宣傳已經深入到我們生活的各個方面，成為人們瞭解外界事件的基本工具和通道。在危機管理中，管理者與媒體的溝通直接影響著

外界對事件的瞭解和對組織形象的認識。因此,與媒體的協調就變得尤為重要。溝通時,只有根據媒體的特點,採取有效的管理措施,才能使媒體的宣傳有利於危機管理工作的開展。

⑴平時應該和媒體建立良好的合作關係

通過定期召開與媒體的見面會、安排新聞媒體等從業人員聽取企業彙報、訪問企業主管、參觀企業的生產流程等方式使媒體對企業有較深入的瞭解;企業相關部門要熟悉並掌握主要負責該領域的媒體記者的情況和聯繫方式,為企業建立良好的公共關係的同時,也為危機發生後和媒體的及時有效溝通創造了條件。

⑵分析媒體特點,有針對性地傳播

根據公眾對象的特徵選擇傳播媒體。例如:對普通公眾的溝通,就要選擇傳播速度快、傳播範圍廣的電視、報紙等;若是對某方面特定的公眾傳播信息,就可以選擇與之相關的專門的報紙、刊物等。

根據傳播內容的特點和要求選擇傳播媒體。如果傳播的內容較多,事件較複雜,最好使用文字和圖表相結合的印刷媒體,這樣便於反復閱讀和思考研究。如果只是向公眾簡單介紹一件事情的經過,或者表明企業的態度,最好選用電視、電臺等媒體。

根據經濟能力和經濟條件選擇和使用傳播媒體。不同的媒體,由於其受眾和知名度不同,其收費標準是不同的。一般來說,電視的收費最貴,報刊次之,廣播更便宜一些。企業應該根據經濟能力,綜合考慮以上三個原則,爭取在最經濟的條件

下獲取盡可能大的傳播效益。

2.對媒體記者一視同仁,坦誠相待

(1)在對外宣傳中,不論媒體知名度大小,接待時都應該一視同仁,絕不能厚此薄彼。應主動配合記者瞭解情況,介紹事件的緣由,以便記者正確地判斷和報導。

(2)坦誠相對,言辭謹慎。如果態度誠懇,坦誠相待,即使企業有不能為公眾所知的商業秘密,記者也會體諒企業的立場,不會為難企業。同時,媒體面對的是各行各業的普通大眾,在與媒體交流溝通的時候,應該儘量避免使用行業內用語和晦澀難懂的專業術語。

(3)精心組織好新聞發佈會。新聞發佈會是企業展示形象、表達聲音的視窗,企業必須全力以赴。

選擇適當的時間和地點;確定與會者的範圍;確定主持人和發言人;確定新聞發佈會的主題以及需要發佈的信息;佈置好會場;提供全部與事實真相有關的資料和錄影;安排專人負責收集到會記者發表的關於本次事件的報導,並進行歸類分析,從中瞭解各個記者報導的傾向、意見和態度,作為以後邀請記者以及進行媒體公關時的參考,必要時還可以視情況的需要給參會者準備適當的小禮物。

危機處理後,與記者的交流和溝通也是必要的。這種交流和溝通在向記者表示感謝的同時,可以增進彼此感情,促進友誼,有利於企業良好形象的樹立。

三、與經銷商的溝通技巧

經銷商包括批發商和零售商，經銷商保證了產品銷售管道的暢通。對於一個企業來說，銷售比生產更重要。由於現在大多數企業採取的是賒銷政策，即先賣出貨物，後收貨款，所以，經銷商是否按期付款是企業能否有效盈利的保證。在危機發生時，企業往往遭受週圍公眾的信任危機，如果經銷商再要求退貨，企業又沒能處理好與經銷商的溝通，企業不僅會遭受較大的損失，而且不利於以後雙方的合作。在危機發生後，如果真的是產品品質的問題，企業要調查清楚，主動收回有問題的產品；如果不是產品本身的品質問題，企業要積極尋求經銷商的支援，通過溝通，給經銷商以信心，使其相信企業有能力解決危機，即使危機影響了企業的實力，企業也要保障經銷商的利益，從而避免後院著火，使事件能夠儘快解決。

四、與社會公眾的溝通技巧

在危機來臨時要儘量從速、主動披露相關信息。企業的信譽度是企業的立身之本，主動披露相關信息更容易獲得各利益相關者的信任。

如 1987 年，美國三大汽車公司之一的克萊斯勒陷入了里程表的危機中。其被控告重新設置了汽車里程表。眾所週知，所有汽車出廠前需要進行路面行駛測驗，而進行路面行駛測驗的

汽車里程表自然就有了里程數。有媒體披露，克萊斯勒公司將這些經過路面行駛測驗的汽車的里程表重新設置歸零，有的汽車甚至被公司管理人員作爲交通工具駕駛高達近 1000 公里，可這些車的里程表仍然被重新設置歸零當做新車出廠。此事一經媒體披露，克萊斯勒公司便陷入了一場社會輿論的危機中。克萊斯勒公司當時的總裁迅速主動地承擔了責任，在記者招待會上向公眾表示：「此事確實發生，但是這種事情實在不應該發生，未來這種事情絕對不會再次發生。」這種坦誠承認責任的做法樹立了公司良好的態度和形象，輿論很快平息。

相反的例子是埃克森的原油洩漏。1989 年，埃克森石油公司的油輪在阿拉斯加擱淺，1100 萬加侖（相當於近 5000 萬升）的原油被排放到海上，導致了阿拉斯加生態環境嚴重破壞。埃克森公司總裁在事故發生一個星期之後才向公眾做出說明，但是仍然不願承擔事故的責任。結果，全世界民眾紛紛譴責埃克森公司，並發起了抵制埃克森石油公司加油站的行動。

從這兩個案例中可以看出，兩種不同的處理方式帶來的結果是截然不同的。

第 5 章

危機恢復管理

第一節　恢復管理的內涵與意義

一、危機恢復管理的概念

危機恢復管理是指企業在危機狀態得到控制後，通過一系列的措施完善組織內部管理、恢復與利益相關者的關係，重塑組織形象的過程。

危機恢復工作在危機持續過程中就要著手進行。當危機應急管理基本告一段落之後，組織就應該著手消除危機過程中給組織造成的各種消極影響，並且通過一系列的管理措施來完善組織的內部管理和外部公關，以使組織的日常工作早日走上正軌，並且通過反思危機過程中吸取的經驗和教訓，對組織的「漏洞」進行修復，以使組織獲得更大的發展空間。

二、有形危機的恢復

　　有形危機的恢復一般都能通過相對有效的措施來有條不紊地進行，其效果取決於組織的資源保障。對於公共危機而言，大部份災難都是由於缺乏良好的整體協作及資訊溝通能力造成的，這種情況在應急管理完成後，仍很明顯。一些「硬體」的修復需要動用大量的人力和財力，並且加以正確的管理和監督。

　　對於企業型組織而言，房屋、設備及器材等的直接損失意味著失去了生產和銷售產品的能力，如果不能很快得到保險金或政府援助，恢復將耗費大部份資金儲備。尤其是水、電、汽油等能源的缺乏以及能源供應管道的破壞，使得企業無法繼續進行生產經營活動。即使相關設施在結構和實體形態上仍保持一定的完整性，但由於沒有維持其運作的物資供給和供給管道，長期處於停工狀態，也會喪失作業能力，業務會被迫停止。或者即使作業活動仍保持相對的完整，企業也可能由於客戶的流失而降低產量或結束業務。

　　至於危機事件中造成的人員傷亡，也會給組織帶來極大的破壞，其影響往往是直接的。一般來說，危機事件引起的人員傷亡會直接導致勞動力的減少、居民人數的減少，人事上的斷層和恢復時間的要求，使得遭受危機重創的公共組織和企業組織創造的效益大為減少。

　　管理者需要綜合考慮以下三個方面的內容，據以制定恢復預案：外部環境受危機影響的程度，恢復資金提供的可能性，

改進受損設備和作業的可能性。

三、無形危機的恢復

針對無形危機的恢復，正確的反應是增加組織形象管理的力度，並且力挽狂瀾，遏制事態進一步惡化。比較困難的一點在於無形危機本身無法量化，因此很難制定精確的恢復措施，這就有賴於管理者的個人經驗和能力。這些危機通常包括組織的形象、組織的資金流或企業股票市場遭到損傷等。

制定無形危機的恢復策略應該以保護或恢復組織形象的可信度以及緩解因無形危機引起的混亂和壓力等因素爲基礎。

無形危機的恢復具有如下特點：

1.由於實質性的損失已經得到修復，人們會很快忘記危機的存在，因此容易對恢復管理工作中的按部就班表現出極不耐煩的情緒。

2.危機的可見度越小意味著實體的恢復成本可能越少。

3.要求組織所提供的服務和產品必須是高品質和及時的，並且有一套有效的、能與公眾和客戶保持良好關係的服務系統。這與人們忽略管理過程，只注重結果的做法有關。政府組織不能達到這些要求，就會引起社會的不安定，使政府形象受損；企業組織如果不能達到這些要求，不僅會引起市場佔有率的下降，並且有損企業形象。

4.無形危機的詳情細節通常是無法識別或充分認識的，這也是人們趨向於重視無形危機的管理結果，而不重視管理過程

的重要原因。

因此，決策者在無形危機的恢復管理中，更要強調服務支援系統的完善，保證各種資源的保障。

第二節　危機恢復管理中的溝通

一、恢復溝通管道

同危機預警、計劃實施一樣，恢復管理也決定著整個危機管理的成敗。恢復管理需要組織整合現實可用的資源，集中力量解決主要問題。當然，恢復是複雜的。無論是常態運營秩序、管理結構的回歸，還是品牌形象和價值系統的重建，都需要組織像早前化解危機事態一樣作出艱苦卓絕的努力。

同應急管理中的溝通一樣，在危機恢復管理過程中的溝通也需要充分的準備，因而危祝管理恢復預案中應該包含專門的危機溝通計劃，旨在針對與利益相關者之間的重新溝通。同時，在危機恢復管理機構下應該設有專門負責溝通的小組，小組成員可以由危機管理小組領導人、發言人、資訊來源過濾者、安排記者會相關事宜者及秘書等人員組成。組織可以啓用應急管理中的公眾發言人，也可以選取並培訓一名專門的公眾發言人，保證組織對外發佈資訊的有效性，加強公眾對組織的信賴感。

危機之後，部份溝通管道可能已經遭到破壞，這時組織要面臨重塑溝通管道的任務。有效的資訊溝通管道包括確定溝通媒介和溝通主體以及保證溝通管道的連續性和暢通性。危機溝通小組這時要加強與各部門之間的溝通，指定各部門的溝通負責人，以確保相關資訊能夠快速到達相關部門，這是組織內部的溝通管道重建問題，一般比較容易解決。

在與組織外部（包括利益相關者）的溝通恢復中，要與廣大公眾全面溝通，針對組織形象的受損程度開展相應公關活動，以最大限度減少危機對組織聲譽的破壞，恢復正常狀態的公關活動。

組織對溝通管道的恢復，可以從以下三個方面去著手：

1.恢復原有溝通管道。如各種面對面溝通、電話溝通、信函溝通等，使之重新發揮正常功能。

2.強調重點溝通管道的作用。危機之後，要對大眾媒介、核心利益相關者等溝通管道展開「災後」公關，修復彼此間的合作關係。

3.妥善處理應急管理中的溝通管道。這點主要針對組織當前情況，對應急管理中建立起來的臨時開發、應用的管道，如危機資訊控制中心、危機接待中心、危機管理網站和熱線電話等，要根據形勢需要進行審慎評估，並進行靈活取捨。對那些將長期承擔特定功能的管道要加以保留；對那些在一定時期內還將發揮作用的管道要進行組合、兼併，以精簡機構、提升效率；對那些已無存在意義的管道要予以撤銷，以節約資源和開支。

二、恢復溝通環境

危機的來臨必然會引起溝通環境的變化，對於組織的危機及危機之後的看法會改變利益相關者和公眾對組織的態度，因此，當危機結束之後，必須恢復溝通環境，與上述群體重新溝通，以達到重塑組織形象的目的。

具體而言，對溝通環境的恢復，是指重新營造一種正常的溝通氣氛，使溝通管道有效運轉、溝通雙方平靜對話。有兩個可資借鑑的策略：

1. 投放一定數量的新聞稿

重點介紹組織對恢復管理的信心和決心以及組織內部的新人新風貌，以引導輿論由高度緊張向漸趨平緩轉化。

2. 施行議題轉換

議題轉換的重點是使公眾消除對危機的記憶，可以通過媒體或其他傳播管道發佈組織最新發展資訊，這些資訊要足以吸引公眾的注意力，使他們增強對組織恢復的信心，以形成恢復管理中的外部環境助力。

三、改善溝通機制

危機恢復管理過程中的溝通是一個全面的過程，也包括對溝通機制的有效改善。如前文所述，溝通機制是包括溝通政策、溝通原則、溝通內容、溝通管道和溝通技巧在內的綜合體系。

在恢復階段,組織應汲取危機管理的經驗教訓,改善溝通政策和溝通原則,使之更具科學性、開放性和可操作性;修正組織的資訊內容發佈模式,使之更適合預警管理和計劃實施的需要,並與特定的溝通管道相配套;總結於危機中培養和形成的溝通技巧,使之在危機恢復管理中發揮作用。

改善溝通機制可從以下幾個方面去進行:

1.加強權責對應,確定溝通內容

也就是「什麼人,在什麼樣的時機和情境下,允許說什麼,不許說什麼,如何說」這幾個方面的問題,因為危機的衝擊會使組織的權責界限出現一定的混亂,必須對其後的資訊傳播進行必要的控制。

2.優化溝通程序

對溝通的各個環節及通暢性要進一步改善,以提升溝通效率和品質,有效貫徹溝通目標和落實溝通任務。

3.加強資訊回饋

危機溝通小組還應該在危機恢復管理中打通回饋管道,建立回饋資訊的搜集、整理和分析平臺,以確保輿情把握的準確性和持續溝通的針對性。

四、恢復組織常態

秩序的恢復是終止持續性損失、減少危機損害的重要手段;秩序的恢復有利於對內振奮人心,對外重塑形象。因此,恢復常態發展秩序是補救型任務的一項基本內容。即使危機影

響依然存在，組織仍然有必要在危機事態平息後迅速恢復正常的管理和運營秩序。

　　一般而言，常態發展秩序的恢復需要堅持如下幾個原則：

　　1.**分清輕重緩急**

　　首先恢復那些職能最重要的、短期即可產生顯著成效的運營環節，使內部和外部利益相關者迅速建立起對組織的信心。

　　2.**不可貪多求快**

　　應由點及面地恢復組織機能，除非有足夠的把握，否則應放棄立即著手全盤恢復的幻想，而應先重點突破，再逐步、長期地恢復。

　　3.**動態調控**

　　要求在恢復的過程中，隨時作出有機調整，要把自己對秩序恢復作出的努力和取得的成效及時通報給內部和外部利益相關者，根據回饋的資訊做好有針對性的恢復工作。

五、對利益相關者進行補償

　　視危機性質的不同，利益相關者或多或少都會在危機中遭受一定的損失，這可能會給組織的恢復帶來負面的影響而成為組織恢復管理的障礙。因此，危機過後，組織必須重視對利益相關者的補償，這是重新與利益相關者建立利益鏈條的必由之路，也是組織在法律和道德框架內必須擔負的責任。

　　對利益相關者的補償包括物質補償和精神補償兩大方面的內容，前者可以通過評估來作出決策，並制定相應的補償措施

以達到補償的目的；後者相對難以作出量化的評估，應該通過
與利益相關者的溝通來協商解決，以達到平衡對方心理，恢復
他們對組織的信心的目的。

第三節　危機恢復管理的流程

在明確危機恢復管理的內容後，組織應著手設計一個科
學、合理的恢復程序，以有計劃、有步驟地推進溝通、利益、
補救和改善四個域限的任務體系。一般而言，危機恢復計劃的
程序主要包括：

一、建立危機恢復機構

建立危機恢復機構是為了確保恢復管理工作的有效進行，
它負責對受損區域以及這些區域中資產和設備受損的程度做一
初步評價，與應急管理機構以及一些外部反應機構合作。恢復
機構的主要職能是負責恢復管理的決策、監控和協調。其成員
包括組織決策層、各部門主管、必要的技術人員和公關專業人
員。較之前期的危機管理機構，恢復機構在規模和結構上都發
生了一些變化：有些人被調整出去，有些人則被吸納進來，對
人員的選擇必須根據任務的性質來具體確定。

恢復機構成立後，應宣佈恢復行動採取的規模和類型，任

命恢復管理部門的人員。召開恢復管理策略會議，初步評價業務功能受到的影響，並決定行動的優先次序，提供策略及行動規劃的信息。

二、評估危機管理績效

評估危機管理績效是恢復管理中的第二步程序，它要求危機恢復機構在廣泛收集相關數據的基礎上，全面調查和檢討危機管理的得失成敗，爲危機恢復管理提

三、進行合理預算

在很多情況下，恢復管理需要獲得金融部門的支援，融資以實施恢復預案——儘管這會加重組織的財政負擔，但切忌因此而放棄或削弱恢復管理預案的效用。危機恢復的預算是必須與組織的財務機構進行溝通的，它建立在對危機資訊的全面掌握之後。

合理預算必須強調組織的承受力和危機對組織破壞程度之間的協調，既要確保恢復的效果，也不能爲組織今後的工作留下隱患。事實上，在應急管理伊始，組織制定危機管理預案之際即應考慮恢復管理的預算，以提前規劃恢復管理在資源使用上的可支配空間。然而實踐證明，真正進入恢復階段後，恢復管理的預算往往要視危機的損害程度、組織的管理成效和具體恢復任務作出調整。如果危機損害超出預期，管理成效不是特

別顯著或需要相當一段時間才能顯現出來，那麼恢復管理的預算可能比原先想像的要多。如果危機損害低於預期，管理成效又比較顯著，那麼恢復計劃可支配的預算額度就會相對充裕。

四、制定恢復管理預案

在實施危機管理效果評估的基礎上，組織應著手研究和制定恢復管理預案，以便指導恢復階段的管理行為。恢復管理預案必須以書面的形式遞交有關部門審核，並在實施之前做好相關部門的溝通工作。危機恢復預案一般包括以下幾個方面的內容：

1. 恢復管理的目標和任務。

2. 恢復管理的基本原則。

3. 恢復管理機構的人員名單及相應的權責。

4. 恢復管理中所涉及的相關部門應該採取的行動及權限。

5. 危機恢復工作的具體步驟及相關策略，包括溝通機制的恢復和改善策略，正常運營秩序的恢復策略，利益相關者的補償和撫慰策略，形象恢復和改善策略，恢復管理期間的內部溝通和外部傳播策略。這是恢復預案的重點內容，需要通過有組織領導層參加的討論小組共同協商、制定。

值得注意的是，恢復預案的制定應該首先著眼於物質層面的恢復，這是恢復管理的第一步，也是恢復組織人氣所必須進行的準備工作。

物質方面的恢復工作可以根據內部評估來進行，並進行恢

復預算，以保證恢復的時效性。一般來說，恢復的速度越快越好，但這需要組織的資源平臺做後盾，包括資金、人力等方面的保障。

物質層面的恢復取決於以下幾個關鍵因素：

1. 組織遭受損失的大小。
2. 重獲物資及人員的途徑。
3. 資金預算。
4. 有效資源的補給情況。
5. 危機對組織正常運作的影響以及與公眾的資訊溝通的程度。
6. 危機情景所涵蓋的範圍。
7. 恢復的施工要求。
8. 利益相關者的幫助。
9. 詳盡、合理的預算。這些因素通常是物質恢復的內在決定因素，其後的人員恢復方面很難作出精確的預估，主要是根據組織所能採取的措施來決定，與具體的危機性質密切相關

五、實施恢復管理預案

實施恢復管理預案是決定恢復管理能否取得成效的重要步驟。它是危機恢復機構按照預案規定的目標、原則和策略，推進相關計劃的實施。同前期危機應急管理預案的實施一樣，恢復預案在執行中也要充分考量各項影響要素：利益相關者、媒體、政府、競爭對手、合作夥伴、社區等對計劃的反應。

在實施預案的過程中，組織對危機恢復機構的工作應該採取一定的監控措施，以確保預案的順利實施。各相關成員必須定期向有關領導彙報恢復工作的進展和績效，並接受指定負責人的檢驗，並且必須根據工作的進展動態修正預案中不合理的因素，並提出一些積極的措施以利於恢復工作的有效進行。

六、實現組織創新

通過對危機管理的評估和恢復，我們能夠發現組織中原先存在的一系列問題，其中絕大多數都是可以通過有效的策略進行改善的。對危機事件的反省和總結，可以實現組織創新，這也是對現代組織危機管理的要求。

危機既會使組織面臨考驗，又會給組織帶來新的機遇，這是對「危機」概念的辯證理解。因此，能否化「危」為「機」是危機管理能否昇華的一個重要標誌，也是對危機管理的藝術性特徵的最深刻體現。因此，在恢復管理中，組織要做到修補和建設兩手抓，一方面彌補危機帶來的損害和傷痕，另一方面利用危機帶來的轉型和機會，對組織的運作機制、形象系統和價值系統進行優化和改善，以達到實現組織創新的效果。

第四節　形象的恢復與完善

　　組織形象是社會公眾對於組織的總印象和總評價，是主客觀的統一。其涵義包括三個方面：第一，組織形象是一種總體評價，是各種具體評價的總和。具體評價構成局部形象，總體評價組合總體形象。第二，組織形象的確定者是公眾，社會公眾是組織形象的評定者。第三，組織形象的好壞源於組織的表現。社會公眾對組織的印象和評價不是憑空產生的，也不是公眾強加給組織的，而是組織的特徵和表現在社會公眾心目中的印象。

　　當組織形象受損時，組織的恢復管理決策必須以穩妥、合理、向社會負責的原則爲基礎。危機後的組織形象恢復管理給組織增加了新的挑戰，一方面要復原危機前的良好聲譽——這本身即是艱難的；另一方面要利用可能的機會、整合可能的資源，以提升組織形象。這時候可能會發生一些公眾針對組織信譽的挑戰，但不管問題大小，組織都不能驚慌失措。一旦出現這種情況，公眾態度往往比較激烈，言詞也會十分尖刻，組織必須要有專人負責處理。作爲組織的代表，一定要保持冷靜，要明曉此時不是個人在受斥責，而是代表組織瞭解情況，在認真聽取各方面意見，尋找原因的同時，要設法安撫有關人員，儘量爭取不要讓危機進一步惡化，否則危機事件剛剛結束，又

有可能陷入新的危機中去。

　　危機中的組織形象受損是由於組織的自我過錯引起的形象損害，組織應採取積極的「治療」措施，並把握時機進行形象恢復。危機發生後，機構應該主動承擔責任，向有關公眾賠禮道歉，並表明自己已經或者將要採取的補救措施，以爭取儘快平息風波，使組織形象受損的程度與範圍控制在最小的限度。然後再利用這次機會，有意識地用各種方式進行宣傳溝通，充分向公眾展示組織知錯改錯的誠意以及機構修正錯誤後出現的嶄新形象。這樣，往往能產生反敗為勝的效果。

　　著名的形象修復理論專家班尼特認為，形象修復策略存在兩個重要前提：第一，組織被認為對危機事件的發生承擔責任；第二，社會大眾對組織責任的看法比危機事件的真相本身更重要。班尼特進一步解釋說：冒犯的舉動在事實上不一定是冒犯，完全由公眾的認知和感覺來決定；組織的責任歸屬亦非通過事實來認定，只要公眾認為組織與此行為有關聯，即產生形式上的責任歸屬。也就是說，組織對自身形象的責任不僅僅存在於組織管理者自身的想像中，還必須注重公眾對組織形象的看法。

　　從上述兩個前提出發，班尼特提出了由否認、逃避、減少敵意、補償和戰略自責等五項策略構成的危機傳播管理模式，為組織形象的修復和改善提供了有價值的參考：

1.否認

　　危機傳播研究專家威廉‧班尼特認為，危機公關的第一個戰略是否認。

　　否認分為簡單否認和轉移視線兩種。簡單否認有其存在的

客觀條件，在組織的形象恢復中不常採用，如果使用不當可能弄巧成拙。通常當組織面對危機時，多採取轉移視線的方法，在組織的形象恢復中，這也是一種有效的策略。轉移視線的好處在於它可以把個人或組織描繪成不公正環境的犧牲品，以引起人們對替罪羊的直接責問。

2. 逃避

逃避責任的策略相對比較複雜，操作上存在較大難度，因而不容易把握。這個策略有四個方面的應用：

(1)不可能性。危機的出現是由於資訊不對稱，並不是由組織內部自身的原因而引起的。

(2)刺激。行爲自有害因素產生的起始而發生，這樣，這種行爲天生具有防禦性。

(3)偶發性。危機發生時往往不被人注意，總存在緩和敵對行爲的可能。

(4)良好意圖。危機事件發生，但它有時也預示著好的真摯的解決意圖。這些方法能夠在一定程度上喚起公眾的同情和理解，以更冷靜的態度審視組織的形象和聲譽。危機結束後，組織可以有機會在相對平緩的環境下，比較從容地向公眾分析和解釋危機的爆發誘因和發展過程。譬如，組織可以強調危機的偶發性，確實因出乎意外而導致措手不及，也可以告知公眾自己有著良好的意圖並且付出了努力，但仍然未能規避損害。

3. 減少敵意

班尼特針對這一策略提出了六個戰術方法，以使組織減少其責任，保護其聲譽和形象。這六種戰術是：援助、最小化、

區分、超脫、反擊、補償。援助是指組織爲受害者降低和消除遭受的損害，而採取支援和救助行爲。最小化包括減少或者輕描淡寫錯誤行爲，以使負面影響降到最低。區分是指把人爲錯誤，與社會大環境的深層次矛盾區別開來。超脫是指向人們描繪一種美好前景或新的發展機會，而不是局限於危機事件。反擊法就是進行申辯和分散公眾注意力。補償包括直接向受害者提供幫助，以減輕其痛苦。總而言之，這一戰略就是從各個方面減少錯誤行爲傳播的範圍和程度。

4. 補償

這種戰略是通過制定相關法律、規定來減少以後類似事件的發生。這種亡羊補牢式的做法，與上面提到的補償的區別，在於它是針對未來的，而前文中對危機受害者或利益相關者所進行的補償則針對當前的損失。

實施這一策略要求組織須量力而行，因爲單純的精神補償可能會收到一定的效果，但物質的補償也是必需的，組織必須通過合理的預算來確定補償措施。

5. 戰略自責

這項戰略包括道歉、懺悔和尋求公眾的寬恕。班尼特認爲，其他戰略必須互相依賴，而這項戰略可以單獨發揮作用。面對持續不斷的尖銳批評和組織信任感不同程度的喪失，組織可以採用這一策略顯示自身的坦誠，從而達到恢復形象的效果。它應在組織非常有把握的情境下採納——不適宜的時機下和盤托出必然冒極大風險，而在適宜時機下公開檢討自己，則可能讓自己贏得認可和贊許。

第五節　社會心理疏導

　　危機所帶來的災難不僅僅是有形的物質損失，而且對公眾心理也會產生極大的影響，因此，對社會心理的疏導也是危機恢復管理中十分重要的一個環節，針對這一環節的管理必須要求社會多方面的協同與配合。因此，這也是危機管理過程中不可分割的一部份。針對危機事件的特點和可能帶來的各種心理問題，危機管理部門必須採取相應措施，對處於應急狀態的公眾心理進行適時、正確的疏導和控制，以減少心理危機和各種心理問題的發生。

一、充分發揮媒體的溝通優勢

　　在危機狀態下，與媒體的溝通是最迅捷有效的心理疏導方式之一，因為資訊報導是進行社會心理疏導和控制的有效和基本手段之一。為了避免或減少社會心理問題的產生，資訊報導應該注重內容的客觀性和議題設置的針對性。具體包括：資訊發佈要主動、客觀、及時、全面、準確；議題設置要具有一定的靈活性，要考慮報導資訊會給公眾帶來的心理反應及公眾心理的承受能力。

1. 全面、客觀地進行資訊發佈

危機狀態下，應該以公開透明的姿態，主動、客觀、及時、全面、準確地進行資訊發佈。資訊發佈過程中，一定要充分尊重公眾的知情權，只有這樣，才能最大限度地防止一系列心理問題的出現。資訊報導的客觀性，必須靠科學的資訊發佈、報送、收集制度來實現。現代社會是開放的系統，任何秘密都不可能成為永久的秘密。隱瞞的結果，只能導致小道消息漫天飛。組織要改變過去一味隱瞞和搪塞的錯誤做法，採取疏導的策略，以主動的姿態搶在第一時間向媒體發佈真實、全面、權威的資訊。謠言止於公開，而且恐慌和許多非理性行為都是源於公眾缺乏對事件的瞭解。

2. 有針對性地進行議題設置

在客觀報導危機資訊的同時，要考慮公眾心理的反應和承受能力，應儘量從能緩解公眾心理壓力的角度報導資訊。即便對危機的解決束手無策，也要儘量避免展現對危機無可奈何的一面，否則，會讓公眾陷入極度的恐慌之中。危機中應突出報導應對危機的有效措施、危機事態在向好的方向轉化等能夠增強公眾信心的資訊。因為同一資訊，可以有多個報導角度，可以有不同的側重，角度和側重點不同，產生的社會效果則不同。危機狀態下，正面的積極向上的資訊能夠減輕人們的心理壓力，鼓舞人們的鬥志，使人們勇敢面對危機。

3. 關注大眾心理需求

公眾在關注組織危機的時候，需要全方位的心理支撐，不但需要實用性的幫助，也需要心理方面的幫助，不但要求組織

給他相關的資訊，也要求給他對資訊的解讀和資訊的整合，即資訊的深化和細化。因此，在危機恢復管理中與通過媒體與公眾溝通時，必須充分關注大眾需求，因爲危機中人們對資訊的需求是豐富的、多方面的。

二、完善溝通管道

組織形象的恢復管理還要求組織快速建立全方位資訊傳播管道，使危機事件所波及的各方民眾能夠方便、快捷地獲取相關資訊。因爲危機狀態下，如果人們能方便、準確、及時地掌握相關資訊，心理危機就會在很大程度上得到緩解，同時可以使虛假的、缺乏根據的資訊傳播的範圍和造成的後果減小。

人們快速獲取危機資訊的管道除了電話、網路、電視、報紙等常規管道外，人際傳播也是十分重要的一個環節。尤其在某些特定的危機事件下，常規的通訊管道可能被破壞，比如地震帶來大面積停電造成通訊中斷，此時需要啓動非常規的管道搜集和傳遞資訊。人際傳播經常就會成爲主要傳播管道，成爲組織與大眾溝通的「橋樑」。人際傳播在危機事件中具有特殊重要的地位，應加強與當地民間「意見領袖」的交流，讓他們知道真實的情況，理解與支援組織的應對舉措，然後再通過他們用各種方式將有關消息傳播開來，從而成爲積極的引導力量。積極的人際傳播還有助於官方的大眾傳播、組織傳播等取得更好的傳播效果。

三、評估社會心理

評估社會心理在組織形象恢復中也必須引起足夠的重視，尤其是政府型組織的危機應急管理告一段落之後。這一步驟的完成需要組織相關專業人員，通過適當的管道和方式瞭解公眾心理的具體狀況，針對災難事件中人群的心理行為變化，掌握民眾心理健康、心理恐慌狀態等指標，預測出可能出現的個體、群體和社區甚至更廣泛區域的人的行為趨勢，從而為有關部門採取相應的政策，保護廣大民眾免受或者減少在心理上的傷害，為戰勝災害提供理論依據和管理對策。可見，進行社會心理管理首先必須準確地把握社會心理客觀狀況，也就是要適時監測社會心理反映，並能夠預測將來的心理狀況，這是採取高效疏導措施的基礎條件之一

四、實施危機干預

危機干預，屬廣義的心理治療範疇，它是指借用簡單心理治療的手段，幫助當事人處理迫在眉睫的問題，恢復心理平衡，使其情緒、認知、行為重新回到危機前水準或高於危機前的水準。干預的對象不一定是「患者」，儘管大多數國家將此列為精神醫學服務範圍。干預的最低目標應是保護當事人，預防各種意外，故常動用各種社會資源，尋求社會支持。

危機干預的方法有多種形式。危機心理諮詢與傳統心理諮

詢不同，危機心理發展有特殊的規律，需要使用立即性、靈活性、方便性、短期性的諮詢策略來協助人們適應與渡過危機，儘快恢復正常功能。危機干預的時間一般在危機發生後的數個小時、數天或是數星期。危機干預工作者一般是經過專門訓練的心理學家、社會工作者、精神科醫生等。

在比較嚴重的危機事件中，大面積的人員傷亡往往會給社會心理帶來嚴重的創傷，譬如美國「9·11」恐怖事件。因此，危機干預必須根據危機破壞性的程度不同來選用合適的干預模式。常見的干預模式有電話干預、面談干預及社區性危機干預等。

五、爭取主流媒體的合作支持

眾多傳播溝通手段中，主流媒體是中堅。它承擔著引導輿論、凝聚人心的重任，它營造的新聞輿論場比哲學、道德、宗教等意識形態更直接、更廣泛地影響著政府活動、群眾情緒和社會輿論。因而，在危機事件的特殊環境下，必須採取一切措施取得主流媒體的通力合作。主流媒體的宣傳基調對整個事件的報導起著導向性作用，爭取主流媒體的合作支持，是危機事件順利解決和減輕及避免社會心理問題的關鍵。要取得主流媒體的合作支持，一方面要尊重新聞報導的自由，主動客觀地向媒體提供資訊，另一方面要正確對待媒體的不客觀甚至是錯誤的報導，藝術地化解與媒體的矛盾。

六、幫助公眾理性認識危機

媒體及時、客觀、充分地報導危機的真相、動態、組織的有效應對以及公眾如何應對，可以安撫公眾的情緒、引導公眾正確認識危機並積極應對。只有深入其中，抓住問題的要害進行報導才能產生強勢影響力。往往在重大的突發性事件面前，大多數公眾都缺少理性分析和分辨的能力。

事實上，人們對事件的恐懼與真實危機並不相符，往往是遠遠超過危機本身。因此，要消除恐慌和傳言，必須引導公眾正確認識危機，澄清事實，樹立信心。尤其大型的社會危機過後，由於人們處在危難之中，利用主流媒體報導一些在非正常生活狀態下的人們表現出的剛勇、信心、寬容、樂觀以及相互關愛、扶持等優良精神品質，可產生良好的社會示範效應，形成強大的精神力量。

七、發揮權威人士的影響力

危機事件中的權威人士是指有關專家，他們的言語、行爲對社會公眾具有示範效果，是公眾關注的焦點，必須充分發揮他們的影響力，加強對公眾心理的疏導。

1.展示領導人的正面影響力

領導人的影響力(Influence Force)是指領導人在交往和領導活動過程中，影響和改變他人心理與行爲的能力。一個群

體或組織的領導人，要實現有效的領導，必須具有影響力。領導人對社會的影響程度與社會進步、社會安定成正比關係。領導人是處理危機事件中的管理者、決策者，他們的一舉一動對民眾具有舉足輕重的影響作用。

人類在外表形式上，對於德高望重、功勳卓著的領導人，很容易產生崇拜心理，並將其視為自己行為的楷模，某一群體的全體成員往往以能聚集在一位英明精幹的領袖人物週圍而感到自豪、充實和驕傲。現代行政理念認為，以領導者個人風采為核心的親民形象，是政府號召力的重要來源之一。無論危機事件多麼危險，領導人都要衝在應對危機的第一線，這樣才能激發起廣大民眾應對危機的積極性，團結一致，共同面對危險。面對突發的危機事件，領導人應保持冷靜，不能表現出任何驚慌和不知所措，要給公眾以戰勝危機的勇氣和信心。越是重大事件，人民越是依賴政府，渴望領導者站在他們中間，領導他們戰勝困難。群眾的期待，給領導人提供了展示人格魅力的機遇。

2.發揮專家的作用

組織在社會心理疏導的過程中要注意發揮專家的作用，這裏的專家包括災害專家和社會心理學方面的專家。同時，應該與新聞媒體溝通，不要為了搶賣點做聳人聽聞的宣傳。

任何關鍵資訊的發佈都應儘量得到專家的幫助，也可以通過專家進行傳遞。因為，危機狀態下人們往往更信服專家的意見和建議，專家的參與對穩定社會心理具有重要意義。

此外，還可以利用權威機構在公眾心目中的良好形象，使

其成爲資訊的傳播者。處理危機時,最好邀請公證機構或權威人士輔助調查,以贏取公眾的信任,這往往對危機的處理能夠起到決定性的作用。例如雀巢公司在「奶粉風波」惡化後,成立了一個由 10 人組成的專門小組,監督該公司執行世界衛生組織規定的情況,小組人員中有著名醫學家、教授、大眾領袖乃至國際政策專家,此舉大大加強了公司在公眾心中的可信性。

心得欄 ---------------------------------------

第 *6* 章

危機管理的過程

第一節　危機管理的二個階段

一、危機預防階段

1.危機意識的培養

在《第五項修鍊──學習型組織的藝術與實務》一書中，彼得‧聖吉(Peter Senge，1995)用一則溫水煮青蛙的寓言來說明導致許多組織失敗的原因不是因爲突發性事件帶來的威脅，而是常常對於緩緩而來的致命威脅習以爲常。

如果將一隻青蛙放進沸水中，它會立刻試著跳出來。但是如果將青蛙放進溫水中，不去驚嚇它，它將呆著不動。甚至慢慢加溫，當溫度從 70 華氏度升到 80 華氏度，青蛙仍顯得若無其事、自得其樂。可悲的是，當溫度慢慢上升時，青蛙將變得

愈來愈虛弱，最後無法動彈。雖然並沒有什麼限制它脫離困境，青蛙仍留在那裏直到被煮熟。這是因為青蛙內部感應生存威脅的器官只能感應出環境中激烈的變化，而感應不到緩慢、漸進的變化。

有句成語叫「未雨綢繆」，警醒人們做任何事情都要有個提前，要做好各項準備和應對工作。即無論企業還是個人，凡事要做最壞的打算，而朝著最好的方向努力。只有這樣，當危機來臨的時候，才能從容接受危機和應對危機。

【案例】

1977 年紐約大停電事件。1977 年 7 月，紐約的聯合愛迪生公司(Consolidated Edison)主席查理斯‧盧斯(Charles Luce)在一次電視採訪中曾信誓旦旦地對外界宣稱:「聯合愛迪生公司的系統處於 15 年以來的最佳運作狀態之中，這個夏天完全沒有問題。」然而就在 3 天以後，由於公司的系統發生故障。整個紐約城區出現 24 小時停電。因此，組織應樹立危機意識，不僅在組織剛剛發展和處於逆境時看到組織危機的存在，更應該在組織鼎盛的時候，居安思危，未雨綢繆，因為危機往往具有潛伏性，可能一個小小的疏忽就會引發危機，從而導致組織的全面崩潰。

2.危機的確認

此階段的任務是確認預想的危機是否是真的危機，管理人員必須分清存在問題的性質，採取不同的辦法加以處理。公眾的感覺往往是引起危機的根源，而危機管理者或者組織負責人卻往往為他們假想的危機忙碌很長時間以後才發現，真正的危

機就在自己的身邊。其實危機管理者有時必須充當偵探的角色，在尋找危機發生的相關蛛絲馬跡的時候，不妨聽聽公司各個層次和各級別人士的看法，並與自己的看法相互印證，從而使得危機的判斷更加準確。

在危機預防階段建立危機的預警機制並採取相應措施，消除危機可能爆發的隱患和潛在因素，對企業和任何組織，都是既簡便又經濟的方法。

如 1994 年年底英代爾公司奔騰晶片發生危機，其實引發這場危機的根本原因是英代爾將一個危機處理問題當成一個技術問題來簡單對待了。隨之而來的媒體報導是毀滅性的，不久之後，英代爾在其收益中損失了 4.75 億美元。

二、危機處理階段

1.危機的控制

一旦危機爆發，將會有許多相關問題隨之發生，關鍵是組織如何控制住危機。危機控制需要根據不同情況確定工作的先後次序。

首先，危機管理小組開始運作。危機管理小組從事危機的控制工作，其他人繼續組織的正常經營、工作是一種比較明智的做法。

其次，應當指定一人作為組織的發言人，組織對外溝通的聲音應該是一致的。最後，及時向組織的成員，包括客戶、擁有者、僱員、供應商以及所在的社區通報信息，而不要讓他們

從公眾媒體上得到有關組織的消息。

考慮到組織危機所涉及的範圍及輻射的廣度，危機管理小組成員的組成需要多部門、多學科的人員進行重新編組和整合，而且在挑選危機管理小組成員時，要充分考慮到成員個人的素質和才能，儘量把不同風格和價值的人才有機地組合起來，以便最大效用地預防和解決危機。一般而言，組織危機管理小組通常由組織最高決策層成員(副總以上級別人員)、公共關係部經理(往往充當新聞發言人的角色)、安全保衛部部長、法律顧問等人組成管理小組的核心層(包括外部聘請的危機管理專家)。組織往往會依據不同的危機類型，決定不同類型的新成員的增補。例如，財務系統危機則會增加財務總監或財務總會計師等，行銷系統危機則邀請業務部門負責人，產品品質危機則增加產品總工程師或者技術開發部經理，另外會聘請組織以外的危機管理專家，或者其他方面的權威專家等進入危機管理小組。

至於人力資源部、行政部、小組秘書等則主要負責後勤保障工作要及時到位。根據日本危機管理的權威研究機構的研究成果，危機管理小組的涵蓋面要具有廣泛性，應該包括總務、對外聯絡、宣傳、保險、法規、補給、製造、修理、修復、當地派遣等方面。

各個細分小組的具體職責如表 6-1 所示。

2.危機的解決

對待危機事件的處理可以分為應急處理和恒久處理兩種情形。

表 6-1　危機管理小組的職責分工

負責領域	職務內容
總務	1.與緊急對策有關的設施等的維修、管理及安全保護； 2.取得各負責區域人員的電話及其通信線路資料； 3.取得和統一管制一般電話和臨時電話； 4.當地派遣小組的出差及出國手續； 5.車輛、飛機、直升機等可能運輸工具的準備； 6.因緊急對策而隨之發生的出納業務及緊急支用物品的籌措及管理； 7.對公司內外相關人員提供飲食、住宿等與生活有關的準備； 8.負責危機管理小組因危機而產生的其他事務
對外聯絡宣傳	1.掌握與該危機有關的資訊，同時徹底執行； 2.統一對公司內外發佈信息； 3.撰寫對外各相關聲明等公文； 4.與客戶、供貨廠商及其他關係人之間的聯絡； 5.提供資訊給大眾傳播媒體和準備、舉行記者溝通會； 6.與行政機關的聯繫； 7.接待外來者或者與之交涉； 8.與受害者家屬之間的聯絡； 9.應對與其他緊急情況有關的宣傳業務
保險法規	1.決定保險處理方針； 2.與保險公司之間的聯絡； 3.與法律顧問等關係人之間的聯絡； 4.對損害賠償的支付及請求有關的業務； 5.其他與保險、法規有關的業務
補給	1.準備與取得原料等的物資補給； 2.準備與取得貨物流通的管道； 3.產品的保管及對客戶的送貨業務； 4.其他與補給有關的業務

續表

製造	1.與工廠或提供服務單位之間的聯絡； 2.關於執行製造業務的資訊搜集、分析及實際狀態的掌握； 3.在製造或服務現場中，有關製造或服務方面的建議及指示； 4.針對製造業務或服務業務的執行，與消防隊等行政機關之間的聯絡； 5.取得替代產品及充實國內外的資源體制； 6.其他與製造方面有關的業務
修理、 修復	1.對工廠進行緊急措施和與修復有關的建議及指示； 2.選定和儲備修繕事業者； 3.估計損傷程度和籌措修理、修復的資財； 4.其他與修復有關的業務
當地派遣	1.任命危機爆發地的總指揮； 2.銷售有關的組織； 3.實施對策以救助人命、避免財物上的損失爲優先處理順序； 4.與總指揮聯絡之後，賦予當地一切權限； 5.執行其他當地業務

⑴**應急處理**

應急處理是指採取一切措施儘快消除表面危機。在應急處理中，速度、態度和應變力是危機管理的幾個關鍵性指標。以最快的速度對危機做出積極、誠懇、負責任的判斷，並根據危機發作的大小、潛在的危害程度等採取靈活多樣的措施，甚至是技巧性的策劃，最終將危機加以解決。主要包括：如何與外部的保險機構、專職的危機反應機構共事以使危機得以最後妥善解決，如何進行修訂和評估危機的狀況，如何正常地結束危機的反應活動。

(2)恒久處理

恒久處理需要追根溯源，消除產生同樣問題的隱患。這一工作往往在危機處理完畢之後啓動，使組織徹底地從危機的陰霾中解脫出來，並逐步強化消費者的信心，進一步增強組織和品牌的美譽度。

3.危機處理後的過程評估

危機管理的最後一個階段是總結經驗教訓，從危機中獲利。如果一個組織在危機管理的前幾個階段處理妥當的話，此階段就可以提供一個能彌補部分損失和糾正混亂的機會：一方面，組織可以從危機事件處理中獲得經驗，預防危機；另一方面，危機事件可以強化組織的危機意識，加強防範。這樣其危機管理的行爲就帶有一定的前瞻性。

第二節　危機管理的主要技巧

一、準確預測危機

《孫子兵法》：「知己知彼，百戰不殆。」組織危機管理也是同樣道理，有些危機可以預測，有些危機卻是無法預知的，處理危機的技巧如下。

危機的預測，從某種主觀意義上說，是組織管理人員對危機發生的可能性及其影響進行的一種主觀判斷。目前，對企業

進行危機預測時常用的一種工具是「危機晴雨錶」(Crisis Barometer Grid)。「危機晴雨錶」包括危機影響值和危機概率兩個指標，把兩個指標形成座標即可得出潛在危機模型。

1. 測定危機影響值(CIV)

將分析危機的影響具體到以下幾個問題上：

①如果危機升級，危機會發展到何種程度？

②危機會在多大程度上影響組織的正常業務？

③危機會使組織在與政府及媒體溝通時面臨什麼樣的窘境？

④組織的形象受損程度如何？

⑤組織淨利潤受到多大影響？

對組織以上五個方面進行評價，並對每個問題的答案給定一個分值(0～10)，相加並除以 5 進行平均，就可得出危機影響值。

2. 預測危機發生概率

這是需要數據統計，以定量化數字來加以說明的。

3. 危機晴雨錶

從圖 6-1 中可以看到，如果危機影響值大於 5，發生概率大於 50%，危機處於紅色區域，屬於必須高度重視的範疇；如果危機影響值大於 5，而發生的概率小於 50%，危機處於琥珀色區域；如果危機影響值小於 5，而發生的概率大於 50%，危機處於灰色區域；如果危機影響值小於 5，而發生的概率小於 50%，危機處於安全的綠色區域。對紅色區域的危機必須高度警惕，立即著手處理，以使組織損失減少到最小；琥珀色區域和灰色

區域也要排序後積極進行預防，防止危機擴散。

圖 6-1　危機晴雨錶

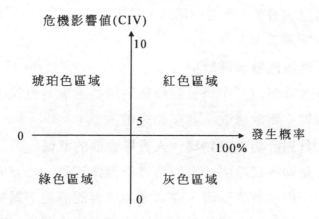

危機影響值(CIV)

琥珀色區域　　　紅色區域

綠色區域　　　灰色區域

發生概率

100%

二、制定危機處理計劃

對全球工業 500 強企業的調查顯示：發生危機以後，企業仍被危機困擾的時間平均爲 8 週半，未制定危機管理計劃的公司要比制定危機管理計劃的公司長 2.5 倍；危機後遺症的波及時間平均爲 8 週，未制定危機管理計劃的公司同樣要比制定危機管理計劃的公司長 2.5 倍。可見，制定危機管理計劃，危機處理活動就有了行動的指南，可以無遺漏地、有條不紊地進行。

1.明確制定危機處理計劃的步驟

⑴確認危機

確認危機是在危機跡象出現後，通過搜集各方面的信息，對危機類型、危機來源以及可能蔓延的範圍、可能造成損害的嚴重程度等做出確認，並以此爲基礎編制危機處理計劃。

⑵編制危機處理計劃

危機處理計劃描述的是危機處理過程中的整體策略,主要包括信息的發佈、多方的溝通、善後工作的開展、形象的維護、資源的配置等。

⑶修改危機處理計劃

修改計劃的工作是一個動態的調整過程,也就是說危機處理計劃要不斷地修改、調整和完善。

⑷針對計劃做好物資、人員等方面的準備

計劃的實施需要一定的物質資源做基礎。一方面,計劃的編制要考慮現有的資源,在資源可實現的前提下編制計劃;另一方面,根據制定好的計劃,要使所需的資源儘快到位,有足夠的物質資源做保障。

2.掌握制定危機處理計劃的方法

按所考慮的對象的範圍,可將制定危機處理計劃的方法分為權變計劃法和部分計劃法兩種。危機處理計劃應明確、具體、有針對性,並形成書面方案,達到制度化、規範化。

⑴擬定危機管理計劃的重要性

擬定危機管理計劃能夠使組織決策者和危機管理者擁有較強的信心,使他們做到職責明晰,各司其職;系統性的計劃能夠強化並支援組織下達決策的決心及應變的能力;能夠系統收集並掌握危機發展的關鍵性數據和信息。如果沒有危機管理計劃,組織可能會在危機面前手足無措,致使組織在危機發作的過程中越陷越深。

　　1984 年 12 月 3 日，聯合碳化物公司印度博帕爾市分公司
洩漏出致命毒氣異氰酸甲酯，造成 3000 多人死亡，雖然該公司
負責人安德森立即從美國飛往印度。當歷經 10 餘小時飛抵印度
時，立即被警方逮捕。

　　此案例告知我們，沒有一個系統而標準的危機管理計劃，
是很難挽救危機的。如果聯合碳化物公司在危機發生時，能夠
立即啟動標準而具有流程化的危機管理計劃，使整個危機管理
系統運作起來，而不只是組織負責人直赴現場，必定會產生另
外一種結果：在從美國至印度的 10 餘小時的旅程中，如此嚴重
的危機事件，無論是發展速度還是危害程度都是不堪設想的。

⑵危機管理計劃範本

　　危機管理計劃首先要確定和分析危機爆發後的各種影響後
果，其次要做出各種可能的綜合應對計劃方案和其他兩種預備
性方案；第三要評估出各種方案中的最優方案，以及次優預備
方案；最後要著手細化並準備實施方案。

　　面對任何一種危機，危機管理計劃的擬定無論是內容還是
擬定形式都要預留出彈性，要切合時局和危機的動態變化。危
機管理計劃書就結構而言，要具備如下一些內容。

　　①封面

　　要清楚地標明關鍵性的電話號碼（如組織主要領導人、危機
管理小組相關人員的聯繫方式等）、危機管理計劃的有效性及相
關具體日期等細節。封面設計要嚴肅、莊重而簡捷。

　　②授權書

　　計劃書要通過組織的法人代表、首席執行官或者分管主要

領導的書面授權，以便危機管理小組能夠最大限度地發揮主觀能動性。

③簡捷概括

危機管理計劃手冊要條理清晰、語言通俗易懂，要概括出計劃的核心宗旨、目標、步驟、方法、手段，以便能夠真正成爲所有閱讀計劃書、使用計劃書的特定人員和組織的行動指南。

④簽字

計劃書本身即具有保密性、通讀性和無異議性，故所有閱讀計劃書的人，都應該在計劃書上簽字並記錄閱讀日期，以便備案。

至於每類具體的方案，都應該遵循包含整體的、策略的和以業務單元爲導向的原則。完整的計劃書可以提供非常詳盡的細節，協調一致的反應活動應該在策略計劃書中進行描述，而個體和團體所採取的業務單元的行動可在短期行動的計劃中予以體現。

3.建立危機處理框架結構

危機管理需要一定的組織做保障，危機管理框架結構實質上就是危機管理的組織機構，其組成如下。

⑴危機管理者

危機管理者必須訓練有素，能夠承受巨大的壓力，果斷行動，並且心理素質良好、溝通能力突出。

⑵首席危機管理者

首席危機管理者屬於組織的最高領導階層，負責從全局高度把握方向、協調各系統之間的關係，同時需要對危機管理者

進行授權。

(3)危機管理指揮部

保證危機管理者與首席危機管理者之間信息的傳遞與溝通，負責收集信息、整理信息、傳遞信息，做好協調溝通工作，保證信息的準確性、暢通性、及時性。

(4)確定危機處理小組

危機處理小組是整個危機處理的核心和靈魂。計劃書必須確定整個小組都由那些部門和個人構成，在團隊中充當什麼樣的角色，具有什麼樣的權限，應該向誰負責。例如，小組組長是誰，新聞發言人是誰，以及他們的後備人選，等等。

(5)相關利益者清單

為使溝通更具實效，需要在計劃中按照重要程度依次列出需要進行溝通和協調的公眾、組織和團體。主要包含四部分內容：具有關聯性和影響力的主要媒體聯絡清單、主要政府單位和官員以及行業協會的聯絡清單、主要受危機影響的群體聯絡清單、主要專家學者的聯絡清單。

(6)應收集的資料

事前資料收集方式的主要目的有兩個，即充分瞭解危機的危害程度和發作趨勢，同時進行最充分的信息收集以作為應對危機的策略和支撐點。事中資料的收集則為危機管理提供動態性的信息，以便計劃的調整。事後資料的收集則是為進行危機管理效果的評估和危機報告的撰寫服務。資料可以通過公開的信息管道來獲取，更多的需要通過組織進行實地調查和人員訪問的形式來獲取。

⑺後勤保障

這是確保危機控制中心或者危機管理團隊工作順利進行的有利保證。例如，危機控制中心所在地選址的安全性，危機管理團隊日常生活飲食的保證，開設對外聯絡的電話專線、傳真，並保證電腦數量以及品質、順暢程度等。

⑻計劃管理細則

計劃管理細則主要確定：誰負責具體制定計劃及制定計劃的內容，誰負責維護、修訂計劃的程序和審計的程序，誰負責計劃的演習和指導性的培訓等。

三、制定危機處理的化解流程

危機一旦發生，需要採取有效的措施來處理與化解。其方法與過程如下。

1.掌握處理與化解危機的方法

處理與化解危機的核心是將危機造成的影響降低到最低，並通過一系列的公關活動重塑組織形象。這需要針對不同的社會公眾採取不同的對策。

⑴受害者

受害者是指由於危機事件而直接或間接受到損害的消費者或其他人員。對於受害者，切不可敷衍塞責，一般的做法是公開道歉，查明其所遭受的損失，認真傾聽受害者提出的關於賠償損失的要求，結合損失嚴重程度給予賠償。

⑵組織內部

在企業內部，重要的是臨危不亂，保持內部的團結，冷靜地商量解決危機的辦法。首先應調集人員組建危機處理小組，諮詢專家，編制危機處理計劃；其次，認真調查產生危機的根源，查找相關責任人以及造成危機的各種隱患。

⑶媒體

危機一旦發生，應迅速瞭解和把握有關事實，準備好有關危機的新聞稿件及其背景材料，選出新聞發言人，統一發言口徑，及時主動地將危機發生的原因、處理方法等公眾較爲關心的信息傳遞給媒體。力爭通過媒體將組織對待危機的態度表達給社會公眾，減少危機對組織形象的不良影響。

⑷政府相關部門

對於政府相關部門，需要將實情迅速地上報，申請資金及物資方面的援助。同時可以邀請上級主管部門等公正、權威的機構或人士發表意見，以提高信息的可信度。1997年，當百事可樂的飲料罐中發現了注射器時，百事公司迅速邀請了政府質檢部門、五家電視臺以及公證機構一起參加對公眾的演示活動，結果證明，這些異物極有可能是由購買者放進去的，權威性的定論使社會謠言很快便平息了。

⑸社會公眾

發生危機後，需要向廣大公眾，特別是相關公眾誠懇道歉，並將善後處理措施與結果及時向社會公眾傳遞。同時組織可以借此開展一些公關活動，如開展知識講座、有獎問答等活動，化危機爲契機，這樣不僅可以消除廣大消費者的誤解。而且能

最大限度地減少危機對組織造成的影響。

2.明確處理與化解危機的流程

⑴隔離危機

隔離危機是劃定危機造成損害的範圍,將引發危機的一小部分產品或服務與其他部分區分開來,避免與其相關聯的部分因此而受牽連,減少危機擴散的程度。隔離危機,阻止危機擴散和蔓延可以從以下兩個方面著手。

①進行人員隔離

人員隔離是指組織內部人員分配上的隔離,即將需要進入到危機管理過程中的人員與仍然繼續組織正常運作的人員區分開。參與危機管理過程的人員主要由危機管理小組構成,由小組來統籌負責處理危機,而不需要全體員工都參加。全員參與會造成人力資源浪費,而且破壞了組織的正常經營,往往人多手雜,無法提高處理效率。

②進行事故隔離

事故隔離是對危機造成損失的範圍進行隔離,即將受到危機影響的領域與暫時不會受到危機影響的領域區分開,將危機的危害控制在一定的範圍內,不再擴大。如對於企業產品引發的危機,可以將有問題的產品批號與其他產品批號區分開,保證其他產品不受影響,減少危機的擴散面。

⑵分散和化解危機

將危機進行隔離後,就要針對引發危機的根源採取措施,將危機分散或轉嫁出去,澄清事實,找出解決的辦法。對企業而言,主要是迅速收回不合格產品,賠償被害者所受的損失。

⑶消除危機後果

通過公關活動，將組織的態度和努力及時反映給公眾，這裏的公眾不僅指組織的外部公眾，更應該包括組織內部公眾，以消除危機造成的不利影響。對企業來說，最好同時展現出企業過得硬的產品和服務，重新樹立起企業的品牌形象。

⑷進行危機處理評估

危機事件解決方案的實施，並不意味著危機處理過程的結束。對組織來講，危機管理的最後一個環節就是總結經驗教訓，爲以後的管理過程積累經驗。危機評估可以通過以下兩方面來進行。

①檢查危機過程的每一個細節

調查是指對涉及此次危機事件的整個管理過程的檢查、搜集和整理信息，包括危機預警工作的開展、對危機徵兆的識別、危機爆發的原因、危機處理措施的採用、社會公眾和組織成員對此次危機處理過程的看法和意見等。調查可以發現組織日常經營管理中的薄弱環節，找出漏洞。其中最重要的是總結出危機發生的原因以及處理過程中經驗和教訓。

②評價危機管理效果

評價是指對危機管理工作進行全面評價，包括對危機管理小組的建立、危機組織機構的設置、危機處理計劃的實施、危機處理傳播實施的效果等方面給予客觀公正的評價。重點要考核新聞發言人、危機管理小組人員的工作是否到位，組織中資源配置是否合理，危機處理措施是否得當，對整個危機管理工作給出綜合評價，總結成功經驗，找出不足之處，針對危機中

發現的問題進行整改。

　　危機處理得恰到好處，不但能消除其所造成的損失，恢復組織的信譽，還有可能因禍得福，大大提高組織的知名度和美譽度。

四、建立有效的信息傳播系統

　　在危機處理過程中，為了求得廣大社會公眾的理解、瞭解與支持，有必要建立通暢的信息傳播系統，增強信息傳播的有效性。

1.建立有效的信息傳播系統的具體做法
⑴發揮新聞媒介的正面作用，有效控制新聞傳播走向

　　要重視危機傳播，建立有效的信息傳播系統，危機發生後，要迅速成立危機新聞中心，利用媒介把危機的真相儘快公佈於眾，消除危機傳播過程中出現的謠言，確保危機處理工作的順利進行。

　　充分利用組織新聞媒介的宣傳作用，通過召開新聞發佈會以及使用網路、電話、電視等形式向社會公眾告知危機發生的時間、地點、原因、現狀、問題，以及組織目前和未來的應對措施等內容，使信息更加具體、準確。

　　【案例】

　　2005 年 4 月 26 日，狀告創維電視機起火致其妻死亡案在北京豐台法院開庭。當媒體就此事於 27 日採訪創維品牌推廣部負責人時，該負責人表示，創維將會通過正常法律途徑來解決

此事，在法院做出正式裁定之前，創維不會對此事發表任何評論。這種表達方式顯然生硬而缺乏人情味，自然引來公眾的不滿。不管是否需要創維負責，在原告方承受著喪妻之痛之際，創維方面都應該表達和表現出對受害者的同情和安慰。同樣的觀點，如果換一種說法，會產生迥然不同的效果：「首先，我們對姜先生所遭受的喪妻之痛和其他財產損失表示同情和慰問。這是任何人都不願意看到的。但是，目前我們不方便說太多，我想包括創維和姜先生都希望通過法律途徑公正地獲得裁決。如果確系是創維電視機引起火災，我們絕不推卸責任。而如果不是，那麼我們只能對姜先生及其家屬表示遺憾。」

⑵**充分準備好要傳播的信息**

危機發生後，要將與危機有關的信息整理、記錄、分類、歸檔，並按照不同社會公眾的關注與需要，準備好相應的信息，以保證這些信息的全面、真實與準確。一般而言，下面這些信息是必備的：

①有關組織情況的材料：關於組織基本的、公正的情況介紹，對企業而言，更是包含了過去的安全記錄，獲得的榮譽證書、獎章及各種檢疫報告等。

②危機事件及危機處理方案的情況：包括時間、地點、起因、處理過程、結果等內容，要求必須說真話、講實情。

2.**加強與公眾的溝通**

危機管理的重點是溝通，危機溝通不僅涉及外部溝通，包括媒體、政府職能部門、社區、公眾等方方面面的溝通，而且涉及組織內部溝通，包括管理者和員工之間的溝通。事實上，

溝通是管理的一項基本職能，缺乏良好的溝通，任何管理行為都無法有效地實施。尤其在危機預防和危機處理的管理工作中，既需要組織成員之間的有效溝通與團結合作，更需要組織與外部社會的有效溝通，從而化解困境，共渡難關。

如 2004 年的聯想公司裁員事件，就是由於溝通環節出現了問題，導致在輿論上聯想公司的被動。

【案例】　公司不是我的家

(1)事情經過

2004 年，聯想集團開始了近年來最大規模的戰略裁員，約佔員工整體比例的 5%。聯想在書面文件中表示，裁員是公司戰略調整的行動之一，與員工的表現及業績無關，同時聯想集團安排了週詳的補償計劃，並為離職員工提供心理輔導、再就業支援等服務。

聯想裁員行動 3 月 6 日啟動計劃，7 日討論名單，8 日提交名單，9～10 日人力資源審核並辦理手續，11 日面談。2004 年 3 月 11 日上午，聯想部分員工被電話陸續叫到會議室，被告之已經被裁掉。20 分鐘後，在經理們的陪同下，被裁員工開始三三兩兩地離去，整個過程不到 30 分鐘。

隨後一篇原聯想員工撰寫的文章——《裁員紀實：公司不是我的家》在網上迅速流傳開來。文章說，一些部門員工整體被裁，這恐怕是聯想歷史上規模最大的一次裁員。領導者戰略上犯的錯，卻要員工承擔。不管你如何為公司賣命，當公司不需要你的時候，你曾經做的一切都不再有意義。員工和公司的關係，就是利益關係，千萬不要把公司當做家。

文章的推出在社會上引起相當大的波瀾，使人們重新對聯想組織文化、聯想戰略。甚至整個聯想集團進行重新審視。2004年4月，柳傳志出面向被裁員工做出回應並道歉。

(2)教訓

如果聯想及時制定出內部員工溝通計劃的話，本可以順利渡過此次危機。

①鞏固現有員工的忠誠度

針對繼續留在聯想的員工，告訴員工們裁員的戰略目的，向現有員工表達公司對已裁員工的歉意，並向公司員工明確聯想的未來發展戰略，公司將會通過戰略調整給他們美好的預期，並再次重申將幫助被裁掉的員工等，這些做法可以減少裁員行為對現有員工可能造成的負面影響。

②與被裁的員工充分溝通

首先要對被裁員工為聯想所做的工作表示感謝，承諾將幫助他們進行再就業，提供合理的解職補償等，要讓被裁的員工瞭解公司戰略裁員的背景原因，取得他們在宏觀上的理解和支持。

對許多人來說，公司就是他們的家。這種意識形態中隱含著很高的信任、託付和忠誠，同時也是僱員與僱主之間勞資關係的紐帶，即便是在現代社會裏。而現實中，當一些危機或潛在危機爆發時，組織不僅要將注意力放在組織與相關利益者的溝通上，更應該與最直接為組織創造價值的廣大內部員工進行溝通和交流。如果聯想有比較好的員工裁員溝通方式的話，或許這場由網上文章所引發的危機就不會引發輿論關注。

(3) 啟示

根據組織業績的優劣進行包括人員的增減裁撤是企業戰略中很正常的一種手段，如果聯想能夠事先與員工、與媒體進行溝通，可以順利渡過危機。而聯想採取的卻是「非常規」的做法——一瞬間將員工掃地出門，此舉與一貫主張親情化的聯想文化背道而馳，進而激化了危機的爆發。

五、處理過程要努力維護企業形象

知名度和美譽度是一個成功組織生存、發展的根本。危機處理過程中要圍繞這一目的努力消除危機的不利影響，爭取轉危爲安，重建組織良好形象。

1. 時刻維護公眾利益

組織的形象離不開公眾的支持，在危機處理過程中，應設身處地考慮公眾的利益，以公眾期待爲準繩，使整個組織的行動保持步調一致，通過負責任、講信譽的行動建立起良好的形象，用實際行動來說明問題。

2. 善待受害者

認真瞭解受害者情況，向受害者表達歉意，實事求是地承擔相應的責任，並盡可能地提供精神上的安慰以及物質上的補償，做好善後處理工作。即使受害者提出過分的要求，也要大度、忍讓，避免產生對立情緒。如冰箱廠冰箱爆炸一事曾經轟動一時，一時間人心惶惶。面對此種情況，冰箱廠立即派出以副總經理爲首的技術小組奔赴現場，並請新聞界現場監督。在

查明是由於消費者使用不當，在冰箱中放置甲烷造成的爆炸後果後，廠家不僅沒有推卸責任，相反還贈送了受害者一台該廠的新冰箱。並借此機會召開專家座談會探討冰箱的改進問題，在報紙上以專欄的形式介紹冰箱的正確使用方法，開展讀者有獎知識問答活動，使一場對企業極其不利的危機轉化為使企業名聲大振的公關專題活動，產品銷量直線上升。

3. 發揮調動新聞媒體的傳播功能

針對組織形象受損的內容與程度，重點開展某些有益於彌補形象受損、恢復公關狀態的公關活動，及時將企業的努力與成果通過媒體向公眾展現出來，同時要注意儘量反映組織的真實態度和行為。如果組織展示了一些與實際不相符的態度和行為，一旦被發現，公眾就會對組織的所有言論產生懷疑。

六、消除危機帶來的不利影響

危機發生後，總會給組織留下不同程度的消極後果。危機所帶來的影響需要通過一系列的措施來消除，一般可以從以下兩方面著手。

1. 制定危機恢復計劃，消除危機帶來的損失

危機出現後，為應對新聞曝光、政府批評、公眾質疑，組織往往需花費很多財力、物力和人力，而且危機直接導致銷售下降，造成組織收入的損失，再加上組織形象所遭受的間接的損失，其損失難以計量。當危機已得到基本控制，不再產生明顯的損害時，危機管理的重點工作就應轉移到危機的恢復上

來。這時，需要著手制定危機恢復計劃，以便指導具體的危機恢復行動。一般來說，危機恢復計劃應包括以下項目。

⑴背景情況簡介

在背景情況中，要說明危機發生的來龍去脈，包括危機的起因、發展態勢、危機造成的影響、危機處理中已採取的措施、取得的效果以及危機過後遺留的影響等。

⑵危機恢復人選名單

作為危機恢復計劃的常規項目，主要的擬定人員要在計劃中署名。另外，還需涉及的一個關鍵點就是本次計劃由誰來執行，也就是將恢復工作落實到由誰去具體實施。

⑶計劃的物資準備、適用條件和有效期

這是對整個計劃的執行過程所做的物質及時間上的要求和限制。指明了在實施計劃過程中需要的物質資源、本計劃適用的前提以及本次計劃的執行期限。

⑷危機恢復對象

恢復對象是危機恢復工作所指向的客體，根據目標的不同，可以是員工士氣、企業形象、客戶關係等不同的方面，這也是危機恢復計劃中不可缺少的項目。

⑸恢復過程中的溝通策略

在整個恢復過程中，溝通是非常重要的，因而，在計劃中要將溝通的總體策略、實施辦法包括進去。

⑹員工的恢復策略

如何鼓舞內部士氣，激勵員工並對員工所受損害給予適當補償，這些構成了員工的恢復策略。

(7)**組織形象的恢復策略**

如果危機過後，對組織形象的恢復程度不滿意，可以策劃新的方法，適當開展一些公關活動，以贏回客戶，恢復聲譽。

以上項目構成了危機的恢復計劃，是整個危機恢復工作的行動指南。

2.**消除危機帶來的消極心理**

危機是日積月累造成的質變結果，其發生在所難免，組織要採取有效措施及時化解，要抓住時機教育員工樹立危機意識，提醒員工正視市場競爭的壓力，提高警惕，保持不斷進取的心態，積極發現危機警告信號，避免其變成真正的危機。恢復危機對人的心理影響，可以從兩方面著手。

(1)**組織激勵**

危機發生後，企業要針對員工所受的心理影響，給予適當形式的激勵，使員工恢復信心，重振自我。可以採取的措施有：

①通過談心等形式開導、化解員工的心理負擔；

②通過教育和培訓，使員工面對現實，從頭做起；

③通過對實際困難的關心以及幫助解決，使員工感到溫暖和受重視；

④通過安排休假或調換工作崗位，使員工轉移視線。

(2)**家人關心**

家庭成員要意識到危機受害者受危機影響後產生的心理障礙，給予更多的照顧和理解。通過細緻入微的關心，化解危機後的緊張與害怕。另外，在危機恢復過程中，組織應邀請員工的家屬一同參與有關活動，協助員工消除心理上的負擔。

爲了讓員工儘快從危機中恢復過來，組織和家庭需要給予關心與激勵，使其以充沛的精力投入到新的工作中。

七、評價危機管理的效果

危機管理工作的目的是恢復組織形象，組織危機管理的效果可以採用以下幾個因素來衡量。

1.評價危機管理效果的主要依據

⑴媒體是否特別關注

危機會吸引媒體和公眾的目光，使組織成爲公眾關注的焦點。危機的來龍去脈往往會被媒體聚焦，招致媒體的爭相報導。一旦媒體不再對組織的現狀繼續跟蹤報導，通常表明危機已經平息，危機管理收到了良好的效果。

⑵聲譽是否受到損害

組織如果在危機管理中採取措施不力、表現不佳或者不負責任，公眾對組織的評價就會發生改變，組織聲譽因此而受到損害。如果組織能夠以公眾利益爲先，坦誠相見，積極整改，就會獲得公眾很好的評價，組織的美譽度會再次上升。因此，組織在公眾心目中的形象是否能夠恢復、聲譽是否能夠再造是評價危機管理工作的一個重要因素。

對企業來說，以下兩個因素也是評價其危機管理工作的重要依據。

①股價是否上升

一旦發生危機，組織的信譽受到影響，投資者的支持度下

降，股票價格往往會下跌。危機管理就是要重塑組織的形象，使組織恢復到發生危機前的狀態中。因而，股價是否上升是衡量組織危機管理效果好壞的一個重要指標。

②銷量是否恢復

危機直接會導致銷售收入減少，因而，銷量是否增加，利潤是否上漲，市場佔有率是否回升，都可用宋衡量危機管理的效果。管理得好，銷量就會反彈，產品會重新受到消費者的歡迎：而管理效果不好，在消費者心目中的形象沒有重新塑造起來，自然銷量就難以恢復到原有水準。

2.對危機管理基礎工作進行評價

危機管理基礎工作不是危機管理某個階段的特有行為，而是貫穿於整個危機管理過程中。對危機管理基礎工作的評價需要圍繞溝通、媒體管理、形象管理、組織機構設置等幾個方面來展開。

⑴溝通過程的評價

溝通是危機管理工作中很重要的環節。對溝通過程的評價主要是看溝通是否順暢。一般需要從兩方面進行評價：對內部溝通的評價主要是看是否平息了員工的不滿情緒，組織內部是否存在衝突，員工是否仍存在緊張和不安的心理，內部凝聚力是否減弱；對外部溝通的評價主要是看受害者是否認可，公眾是否滿意，相互間是否準確地傳遞了信息，與新聞媒體的溝通是否取得了應有的效果。另外，評價工作需要查明整個溝通過程中那一環節出現了問題，應該如何改進。

⑵媒體管理的評價

其主要表現在以下幾個方面。

①平時是否與媒體保持密切的聯繫；

②是否通過媒體及時傳遞了準確、合理的信息；

③是否與媒體存在衝突；

④所選擇的聯絡方式是否適當；

⑤媒體管理部門是否有效地履行了它的職能；

⑥新聞發言人是否合格，還需要進行那些方面的培訓。

⑶形象管理的評價

廣告宣傳活動是否到位、是否收到了良好的效果、策劃的公關活動是否起到了預期的效果、是否在公眾心目中重新樹立了良好的組織形象等。

⑷組織機構設置的評價

對組織機構設置的評價主要是看組織機構設置是否合理、是否存在機構臃腫的現象、是否能使組織儘早發現並應對危機，達到預期的目的。

⑸資源配置狀況的評價

主要是看危機管理中所需的資源是否足夠、各部門對資源的分配是否合理、人員分配是否合理等。資源上的支援是危機管理工作的重要保障。

3.對危機事件管理工作的評價

危機事件管理是指危機發生後，有針對性地採取一系列具體措施，恢復組織形象的過程，目的是消除危機帶來的損害，使組織獲得新的發展。危機事件管理通常包括危機的識別、防

範、確認以及化解。危機事件管理是針對某一危機事件採取的管理，這是與危機管理基礎工作的不同之處。對危機事件管理工作的評價主要包括以下一些內容。

(1)對危機識別的評價組織是否在危機出現前兆時就很快地識別了出來、預警工作是否有效、預控措施是否得力等。

(2)對危機防範的評價是否有效地阻止了危機的爆發、是否延緩了危機的爆發、是否降低了危機可能造成的影響。

(3)對危機確認的評價是否正確地將危機定性、反應是否迅速、是否出現了不應有的危險蔓延和連鎖反應等。

(4)對危機化解的評價為擺脫危機所採取的措施是否有效、是否避免了不必要的損失、是否恢復了組織的良好形象。

(5)對後勤保障的評價事件管理中資源配置是否合理、是否及時將所需資源輸送到指定地點、後勤保障是否及時有效等。

第 7 章

危機處理計劃

第一節　制定危機處理計劃的必要性

一、什麼是危機處理計劃

　　在危機管理中，任何企業既使監控做得再好，也不能保證「萬無一失」。因此只有事先做好準備，才能在危機爆發時儘量減少損失。

　　危機處理計劃與其他一般計劃最大的不同之處在於一般的計劃制定後都要付諸實施，而危機處理計劃是在緊急狀態下才實施的計劃，企業希望最好沒有啓動危機計劃的機會。企業一般很少進入緊急狀態這意味著危機處理計劃制定後，很可能在相當長時間內擱置不用。這使得很多管理者把希望寄託在不發生危機和危機發生後的隨機應變上，而不願意花時間考慮和制

定危機處理計劃。

二、危機處理計劃的必要性

眾多企業的教訓已證明瞭危機處理計劃的必要性。例如在森林火災中，事先沒有制定危機處理計劃，大火場形成以後，撲火救災前線總指揮部才遲遲成立，撲火方案匆忙制定，撲火隊伍臨時組織，撲火物資裝備盲目調撥……一切都顯得凌亂不堪，自然達不到好效果。

而危機處理計劃恰恰能做到以下幾點：

1.從容決策，掌握主動

危機處理計劃是在危機爆發之前，一切都在平穩進行的時候制定的，因此不會由於事態緊急而處於被動地位，而且有利於提高決策品質，保持主動地位。

2.減輕決策壓力

危機爆發時，萬事蜂湧而至，果敢決斷，不容選擇，事先制定危機處理計劃，可以使決策者有所依憑，從而減輕心理壓力，做到從容不迫。

3.迅速採取行動

有了危機處理計劃，一旦危機爆發，就能迅速採取行動，及早控制危機。

4.便於事先訓練與準備

有了危機處理計劃，就能夠按照計劃的要求，事先組織訓練，準備物資，而不至於倉促應戰，一敗塗地。

三、危機處理計劃的一般制定過程

危機處理計劃的全過程如圖 7-1 所示：

圖 7-1　危機處理計劃全過程

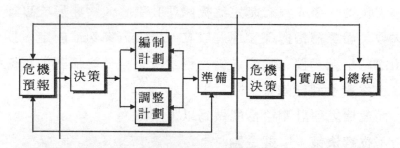

　　需要說明的是在危機預報的基礎上，對緊急狀態下預控和處理危機的決策包括組織指揮、專業隊伍、行動方案、物資裝備、通訊聯絡、培訓演練等內容，我們應據此編制計劃，並依照計劃做好準備工作。由於情況是不斷變化的，因此我們還要不斷進行追蹤決策，並依據決策對計劃進行調整。

　　危機一旦爆發，危機處理計劃就要付諸實施。一般來說，實施內容要根據危機爆發時的實際情況而定，所以與危機處理計劃並不完全一致。在危機管理的最後階段，要對危機處理計劃進行評估總結，提出修改意見。

第二節　危機處理小組

　　危機機爆發時，怎樣把各種人員組織起來，這是危機處理計劃首先要明確的內容。

一、確立核心小組

　　危機處理領導小組是危機處理組織的核心。基於危機的類型不同，領導小組的人員構成也往往不同。技術開發危機需要專業的技術開發人員，財務危機需要財務專家，人事危機需要有經驗的人事工作者。總之，應當根據不同的危機，靈活而定。

　　例如美國航空業的危機處理計劃中，危機處理領導小組的負責人主要來自系統運行控制部門，其他人員分別來自公司的公共關係部門、飛行運行部門、飛行安全部門、保密部門、飛行員工的所屬部門、銷售/乘客服務部門和醫療部門等。根據不同情況，其他參加領導小組的人員可能來自食品供應部門、人事部門、內部通訊部門、財務部門，美國國務院的代表也可能在必要的時候參加進來。而且，這個領導小組的組成人員不是固定的，在一場長時間的危機中，會發生人員更替，更優秀的人員換下他們自己部門那些不合格的代表。

二、慎選新聞發言人

當危機爆發時，很多新聞單位會派記者探訪。他們提出的各種問題，與發言人的回答都會被轉換成非技術性語言傳播出去，對企業形象造成重大影響。因此要慎選發言人。

在危機處理計劃中，正式發言人一般可以安排總經理或廠長等主要負責人擔任，因爲他們能夠準確地回答有關企業危機的各方面情況。但是，如果危機涉及技術問題，那麼就應當指定定分管技術的負責人來回答技術問題；如果危機主要涉及法律問題，那麼，企業的法律顧問則是最好的發言人。

正式的發言人應該具備那些要求呢？

一般來說，正式發言人應該頭腦清晰，思維敏捷，有較強的口頭表達能力；他應當能夠最好地表達、解說和捍衛企業的立場；他應是危機處理領導小組的成員，瞭解整個事態，又有足夠的權威。

值得一提的是危機爆發時，新聞單位、當事人員的親屬朋友、社會上關心事態的公眾，都會打電話到企業來瞭解情況。這樣，電話總機值班員就成了企業構築的第一條信息防線。她們的發言同樣要慎重安排：

1.當接到詢問危機的電話時，她(他)們應知道找誰聯繫，誰負責介紹危機簡況；

2.若發生重大涉外危機，她(他)們要會說外語；

3.當潮水般的電話浦來時，其中不免有情緒急躁甚至會罵

人者,她(他)們要能冷靜地控制住自己的情緒。必要情況下,要對她(他)們進行心理測試和訓練。

三、訓練一支專業隊伍

專業隊伍是處理危機的骨幹力量,如火災中的消防隊、鐵路事故中的救援列車等。危機處理計劃應明確專業隊伍的組成、任務和工作要求。

以鐵路局為例,鐵路局提出的事故救援任務和工作要求是,接到調令後救援列車應在半個小時內出動,修復時間應控制為以客車一小時以內,貨車兩小時以內。

救援隊伍的組成有救援列車、救援隊、救援小組和救援班四種。其中救援列車定員一般為 20～26 人;救援隊一般定員 15～20 人,隊員由車務、機務、車輛、工務、電務、水電、公安、醫務等人員組成。設隊長一人,由車站站長或車務段段長擔任。

事故救援小組通常每隔三個車站設一個,由 8～12 人組成,包括車站、工務、電務工區人員,組長由各站長擔任。

在救援列車所在地,臨時組成事故救援班,由站、段長擔任班長,成員包括機務車輛、工務 10～15 人。

第三節　危機處理的通訊系統

在危機處理過程中，通訊是整個危機緊急預控和處理工作的神經系統，其作用是危機處理的重中之重，因此危機處理計劃必須將其放在首位。

對於通訊的忽視，有許多教訓值得我們警惕。

例如在 1983 年 7 月的大洪災中，從下午 2 時 20 分發出「第一號命令」到洪水破城，中間足足有四、五個小時，但是，由於最起碼的報警通訊系統不完善，如高音喇叭少得可憐，有些家庭根本沒安裝有線廣播，致使命令無法通知到每一個人。於是在 5 點多鐘，不少商店企業仍在營業上班時，6 點鐘 3 萬人仍沒有撤出城時，洪水來臨了。危機通訊系統的嚴重缺乏，不能不說是造成水災重大損失的重要原因之一。

心得欄

第四節　危機處理的準備訓練

危機處理應重視事先訓練，並要在平時嚴格按計劃實施。培訓演練的主要內容是：

1.心理訓練

國外現在有一種危機模擬實習班值得借鑑，公司聘請心理學家等為管理者舉辦仿真的危機模擬實習。這種實習班能夠創造一種近似真實的危機情景，可以用來進行心理素質的訓練，提高心理的承受能力。

2.危機處理知識培訓

要使所有參加危機處理的人員都清楚危機處理整體方案以及本人的具體職責。如氯鹼廠針對可能發生的氯氣洩漏事故，操作人員必須知道控制洩漏的辦法和正確處理程序，自己在整個程序中的明確任務。

3.危機處理基本功演練

危機處理時間緊迫，對危機處理人員的要求，不僅是應知怎麼做，而且要在短暫時間內準確無誤地完成規定操作，經常演練，確保操作熟練準確，這是十分必要的。

第 *8* 章

危機管理預案

第一節　制定危機管理預案的準備工作

一、危機管理機構負責人的前期工作

　　制定危機傳播預案的主要目的是為今後的工作提供一個行動上的指南，是政府部門建立危機應急機制的主要環節之一。危機傳播預案應當成為整個應急預案中的重要組成部份。但是，目前許多組織的管理者並不能充分認識到危機傳播和新聞發佈的重要意義，因此會表現出抵觸情緒或消極合作的態度。如果這種狀況得不到改進，再「完美」的危機傳播預案也不能起到作用。

　　在制定危機傳播預案之前，要設法爭取各方對危機傳播的重視。具體來說，危機管理的負責人（通常是本部門的領導人或

明確指定的代表)要開展以下幾個方面的工作：

1.明確身份，獲得支持

這是工作開展的第一步，必須讓各方都知道誰是危機管理工作的負責人，讓各相關部門的人員都支持他的工作。多與危機應急預案的具體制定者進行交流，讓他們明白這個機構的存在是爲危機管理起一個督導和執行的作用，這樣，我們制定的危機管理措施才能達到預期的目的。

2.加強溝通，協調一致

危機預案管理的負責人應當起草一份言簡意賅的書面計劃，這對他取信於上級和同事大有幫助。而事實上經常會出現一種現象，危機管理的負責人會忽視組織內部的溝通，很多人由於各方面的原因，習慣於線性思維，這會妨礙自己的工作。他必須清楚，無論是高層領導，還是其他部門的負責人，都習慣於通過文字資料對他的工作有一個較爲全面的瞭解。

3.創造良好的輿論環境

制定危機預案的工作必須取得組織內部各方面的廣泛支援，尤其是組織領導層，必須使他們明確瞭解危機傳播的目標。首先要向領導層強調制定危機預案的主要目的是爲了保障公眾的知情權，爲危機管理創造良好的輿論環境。總有許多領導和決策者以爲危機管理就是關鍵時刻才值得重視的事情，而對媒體和公眾的先導作用認識不足，這說明他們還不太瞭解危機管理機構負責人所從事的工作的重要意義。

4.取得財務上的支持

必須首先明白：對危機傳播和預案制定的適當投入，將有

益於組織更好地應對危機，必要的成本付出將取得事半功倍的效果，對組織的穩健運行是極有裨益的。除此之外，還要與財務部門的負責人交流，以爭取更多更高效的支持。

5.加強在組織內部的宣傳

要使各方面重視危機傳播，發言人、新聞官或公共資訊官員還應強調以下幾個方面的內容：

⑴如果沒有有效的危機傳播，危機管理過程中將會出現極其不良的後果，將會在危機真正爆發時使組織面臨困境。

⑵表明本部門的工作已經得到領導層的重視，說明部門工作的詳細內容包括制定並且執行詳細的危機預案；有及時掌握第一手資訊的權利；對外工作的開展是爲了樹立積極的媒體形象；在工作中能夠做到態度誠懇、開放，善於傾聽不同意見等。

歸根結底，當預案制定初期，部門在工作過程中的地位要靠自己去爭取。這固然與危機管理小組各成員個人的教育背景、專業素養、管理才能以及積極參與的態度有關，但如果負責人能夠爲部門在組織內部的工作流程中爭得「一席之地」，那麼就能獲得高層決策者的支持，與參與危機處理的其他各部門形成有效的資訊交換和互動機制。

只有滿足了以上這些條件，才能正常開展預案的制定工作。

二、制定危機預案的必備條件

危機管理的基礎是各個部門和機構之間建立起協調合作的關係，一份出色的危機預案應該體現出這種關係。這種協作關

係的最大優點是可以充分調動各種資源，並且實現資源的共用和流通。一旦危機爆發後，其正常運作就需要組織內部多個部門和機構的協作。

危機預案歸根結底是一個資訊資源庫，是必備資訊的彙編。危機預案可以把一些零散的資訊進行收集、整理並更新。一旦危機發生，部門的所有人員可以隨時查到，不至於手忙腳亂。危機預案所闡明的主要內容是各部門的角色定位，所肩負的責任，可供開發的資源和應對媒體和公眾的技巧。

在危機來臨時，一個毫無計劃、毫無組織的內部關係只會亂上添亂。你不能在危機發生後才想到要和合作機構明確雙方的責權範圍。每個部門的成員都有責任保持預案的時效性，定期從各個方面完善這個預案，不要拖到問題成堆或者變化太多時再考慮修改預案。

制定預案時要保證其既簡潔又靈活的特點，通過實施這個預案，努力尋找一種有效途徑，以便最快、最準確地將資訊通過媒體傳遞給公眾和合作機構。一般而言，形勢一片大好時制定的預案計劃，在危機中極有可能失效，人們往往會被打個措手不及。

制定危機預案前的幾個基本要素如下：

1.取得書面批准

危機預案的導言部份要經主管領導親自過目。這個部份闡述的是領導賦予危機管理機構及其負責人的權利和職責，這些內容必須以書面的方式傳遞給組織內部的各部門負責人。組織領導者應當瞭解危機管理負責人的工作計劃及其與應急體系內

其他人員的合作情況。此外，領導也必須瞭解他在危機傳播中所扮演的角色。

2.明確危機管理團隊的規章和責任

危機管理團隊中每個成員必須遵守明確的規章制度的約束，反過來·，其身後必須有一個高效的危機管理團隊的支持。另一方面，該團隊還負責及時搜集媒體、公眾以及合作機構的回饋意見，及時向決策層和相關部門反映。例如在危機管理過程中，必須有人負責向媒體、公眾和合作機構發佈資訊。這種通過官方管道進行的新聞發佈是應急機制中的重要一環，能爲合作機構和公眾提供危機的最新進展、應對措施和行動建議。這個成員必須具備一些與眾不同的特質，其責任也必須有一個明確的說明。

3.制定明確的工作流程

在預案制定的過程中，資訊的核實、查證、批准和澄清必須有一套明確的工作流程。每個流程都必須有人負責落實，預案的每一個環節都要經過詳細審核。預案制定和執行之前必須審核並爲領導層每一位領導通過並確認的至少應包括：主要新聞發言人、與公眾溝通的負責人以及相關的專家。同時，不要忘記從主管領導那裏獲得批准。出於禮貌，還要把必須發佈的資訊通知相關的合作機構。這些合作機構在發佈的資訊上與你享有相同的利益，因此也需要徵詢他們的意見。工作流程中，審核工作是一項十分重要的內容，尤其涉及對外發佈資訊的每個環節，是一項繁重而困難的工作。在危機中，公眾對資訊是十分敏感的，因此，發言人在措辭上必須要十分小心。

4.國內外及當地主要媒體聯絡名單（包括值班電話）

這是協調組織外部的一個重要環節，在危機預案中佔有十分重要的地位，也是制定危機預案之前必須明確核實的內容。要把媒體的聯繫方式，包括電話號碼、電子郵件位址和傳真號碼製成清單，不要依賴名片或便條，免去保存和查找的不便。由於危機隨時都可能發生，因此，還要想辦法拿到重要媒體主管和編輯的住宅電話和手機，以便隨時取得聯繫。

5.與當地政府相關部門事先溝通

危機管理團隊應當是整個公共管理系統中的一部份。一個有影響力的組織一旦產生危機，絕不僅僅是組織本身的事，對社會、對公眾、對當地政府都會帶來不同程度影響。因此，預案的內容中必須包括與當地政府部門溝通這一重要環節，在預案制定之前或初期與他們的溝通是十分必要的。

6.確保完善的資源平臺

如果沒有組織內部的後勤支援，再好的預案也可能無法真正發揮其應有的作用。很多危機管理的領導者都習慣於在零預算或少量預算的情況下工作。但在危機爆發時，必須獲得充足的物資、人員、設備和場地。因此，在危機預案中要作出預算，事先籌劃好獲得這些資源的管道，與本部門的後勤負責人進行溝通，不要等到危機開始再申請支援。

第二節　危機管理預案的演練

一、演練的動因及其意義

進行演練，即培訓或演習的一個基本原因是，它可以提高參與者對危機的熟悉度和提高處理危機的能力。有效的演練可以降低實際操作過程中人為的錯誤，同時降低現場調配資源的時間耗費。進行任何演練和演習對一個組織來說都有積極的影響，它具有兩個核心的意義：增加對潛在危機的警惕性；增加處理危機的經驗。具體而言，演練可以顯示對人進行基本的技能性演練及反應任務，然後增加演習的複雜程度和現實性，以加強人在處理類似威脅時的熟悉度和及時反應的能力。大部份人僅僅是通過他們遇到過的自然災害或相似的危機，增加處理危機的經驗。反覆進行演練有助於參加者更適應這樣的環境，更好地處理他們在危機中遇到的各種狀況。事實上，現實中的危機要比演練嚴重得多，現實的危機中到處都會存在干擾因素（警報、閃光燈、拔高的聲音）和肉體上的刺激（煙霧、塵土、高溫和水），不斷地打擊著反應人員的執行和決策能力。例如，在一家航空公司的飛機墜毀的重要演習中，醫療隊每天都必須穿著極為難受的制服，「這種安全制服太熱了」。但是，如果不穿上制服，沒有正確的視覺標誌，這些人就要為得不到應有的支

援(包括水、食物、剩餘時間和空氣冷卻器)負責。

演練的意義主要表現爲克服實際危機中出現的基本問題，這些內容主要包括：

1.使每個成員熟悉他們在危機中的任務和位置，並知道如何應付由於危機時可能出現的混亂導致指揮失靈。

2.通過演習，調動、組合、部署人員，當危機真正發生時，爲管理人員節餘更多的時間。

3.加強互助，熟悉預案的具體實施。

4.找到危機狀態下最有效的溝通方式。

5.體會媒體在危機狀態時如何發揮作用。

6.學習儘快恢復危機告一段落之後的組織正常狀態。

總之，實地演練可以提高參加者對危機各個方面和結果的熟悉性，同時明瞭他們在完成任務時可能面對的困難。而且，演練的現實性能夠測試出危機計劃中各個因素在壓力下是如何結合在一起的。必須注意的是，當制定和運行模擬現實的演練時，組織正常活動不要中斷，並且在成本投入上不能超過組織所能承受的範圍。

除此以外，進行演練還有其他作用：

(1)演練可以幫助發掘和認識新的人才，對組織成員有一定的激勵作用。

(2)演練可以提升組織形象，可以直接運用於現實中的公共關係和社區服務，爲組織價值增加得分。

(3)演練還能夠幫助改進安全防範工作。

二、演練的內容與方法

1.演練的內容

危機處理應重視事先演練，並要在平時嚴格按計劃實施。培訓演練的主要內容是：

(1)心理演練

這是一種值得借鑑的危機模擬實習。這種實習能夠創造一種近似真實的危機情景，可以用來進行心理素質的演練，提高心理承受能力。組織可以聘請心理學家等為管理者舉辦仿真的危機模擬實習。

(2)組織培訓

培訓不僅是必需的，而且是演練之前必做的準備。培訓是要使所有參加危機處理的人員都清楚危機處理整體方案以及本人的具體職責。

(3)基本功訓練

危機處理時間緊迫，對危機處理人員的要求，不僅是應知怎麼做，而且要在短暫時間內準確無誤地完成規定操作。經常演練，確保操作熟練準確，這是十分必要的。

(4)實地演練

實地演練也可稱為場景演練，可以通過電腦類比或現場即時演習來完成。電腦類比可以將決策和回饋輸入進去，它廣泛應運於演練飛行員、宇航員、軍備人員甚至汽車司機。建設和使用這些類比系統是相當昂貴的，但這些模擬能夠使飛行員、

宇航員和軍備人員學到和提升他們應對危機的技能，相對於這種價值而言，成本的付出是有價值的。

2.演練的方法

場景演練包括三種主要方法：在會議室中分析案例；管理團隊討論決策的演練；一份現場情況的描述。

鑑於危機管理的真實性要求，許多組織者需要把監控和會計系統加入到演練或現實模擬的過程中。會計系統不僅包括傳統的資產負債表和現金流量表，而且還要對人力、物力應達到的目標進行評估和記錄。除此之外，還應當將資訊的搜集和整理工作包括到反應管理的演練中去。處理一場真正的危機事件要比演習複雜得多，從開始到結束可能要持續好幾天。但是組織者很少會用這麼長的時間去進行一場演習，所以一般情況下組織者會以中心情節爲基礎設計一系列的演練，作出一份演練計劃。在計劃中有些演練會在同一時間發生，另外的會隔幾個小時依次發生。

三、演練的基本程序

危機管理預案的演練必須有一個科學化的程序做指導，通常情況下，我們可以用如下的程序來指導實際的操作：

1.做好演練的準備工作

這些準備工作包括動員、成立指揮機構、設計演練步驟及檢查標準和方法、落實物資的準備工作等。在演練前要根據危機管理預案的要求，認真做好各項準備工作。

2.演練的具體實施

演練的實施就是要把計劃變成實際行動。除了計劃上的一些內容外，還要設計一些事先沒有準備的事情，讓執行者在緊急情況下作出反應，以提高應付危機的能力。

3.總結演練

總結的目的在於發現所存在的問題，以利於今後改進。演練結束後的總結要及時，通過總結肯定危機管理預案是否切實可行，能否起到應有的作用。對演練中的好人好事要表彰，對存在的問題要採取措施，做到賞罰分明。

4.完善方案

總結結束後，還必須對原有方案作出評價，肯定、保留好的方面，對其中的不足給予補充完善。同時，要將完善後的方案重新公佈，下發執行。對於執行人員要進行更新培訓，確保萬無一失。

5.做好善後處理

危機過後，組織財產受到了某些方面的破壞，造成了巨大的損失，要恢復正常工作，就要採取一些補救措施。因此，危機處理的善後工作亦是危機管理預案中應強調的內容之一。同時，這些補救措施也要著眼於組織今後的發展。例如，要進一步強調「預防就是一切」的管理意識，組織恢復聲譽和形象、安撫危機中受到衝擊的員工等。

總之，危機管理預案的實戰演練，是危機管理必不可少的內容。掌握危機管理預案的演練技巧，是把危機管理預案的指導落實必不可少的一項重要工作。

第 *9* 章

危機溝通的原則

第一節 「兩要」原則

　　危機溝通是危機管理的核心。危機溝通的作用是：幫助公眾理解影響其生命、感覺和價值觀的事實，讓其更好地理解危機，並做出理智的決定。危機溝通不是只告訴人們你想要他們做的事，更重要的告訴他們，你理解他們的感受。

1.要誠實，說真話

　　建立信任，是與公眾進行危機溝通的最重要基礎。信任是來自很多方面的，最重要的是誠實。「9‧11」事件後，美國紐約市市長朱利安尼向公眾承認他也害怕，他也不知道接下來會發生什麼事，他的痛苦是誠實的、真實的。他沒有試圖控制公眾的情緒，也沒有試圖保持完全的冷靜。這樣反而使公眾更信任他，使他能更有效地幫助公眾消除過分的憂慮。誠實和公開

有助於建立信任，使危機溝通更有效。

2.要尊重公眾的感受

公眾的恐懼是真實的，公眾的懷疑是有理由的，公眾的憤怒是來自內心的，這是事實。我們永遠不要認為公眾太不理智，永遠不要忽略和漠視公眾的真實感受。否則，不僅不會使他們平靜下來，還會喪失他們對你的信任。通常危機溝通失敗的幾個原因是：批評人們對於危機的本能反應；不接受恐懼的感情基礎；只注重事實，不注重人們的感受。

第二節 「兩不要」原則

1.不要過度反應

過猶不及。在危機發生後，要告訴自己：鎮定，鎮定，再鎮定！讓自己在對事實瞭解後，做出適當的反應。在與公眾或媒體溝通的過程中，一定要控制自己的「反應度」，而不要過度反應。否則可能會人為把事情鬧大。

2.不要過度承諾

由於危機的突發性和不可預期性，決策者必須在得到專家意見後儘快與公眾和員工溝通。但是往往很多資訊是有局限性且不全面的，因此作為決策者，你要及時告訴公眾，告訴員工，事情並沒有像預期那樣，沒有那麼順利。如果你不告訴他們反而會威脅他們，會威脅到那些認為事情進行得很順利的人的安

全。

　　你需要對公眾公開，但同時你需要有準確性。小心你說的話，不然你會顯得不夠專業，你的談話將失去可信性。這不僅僅是過分承諾的問題，更是不尊重公眾，不尊重公眾的智力。

　　1997年香港禽流感爆發。香港衛生署的負責人為了安撫公眾，說：「我昨天晚上吃了雞肉，我每天都吃雞肉。」她這樣的說法是很荒唐的，因為沒有人可以每天都吃雞肉。實際上，她應該這樣說：「即使你有可能從雞身上傳染到這種病，但是，吃煮過的雞是安全的。」

　　而在政府決定撲殺病雞的時候，對公眾承諾「我們可以在24小時內殺掉全市上百萬隻雞」顯然也是一個不可能完成的任務。理性的溝通應該是這樣的：「我們會盡最大可能，最快地殺掉全香港的雞。但是我們預計這是一項困難的工作。可能會比較亂，可能會出現沒有預料的事。但我們會盡最大努力。」

心得欄 ----------------------------

第三節　危機公關的 5S 原則

一、承擔責任原則

　　危機公關的「5S 原則」，亦即承擔責任原則(shoulder the matter)、真誠溝通原則(sincerity)、速度第一原則(speed)、系統運行原則(system)、權威證實原則(standard)。

　　危機發生後，企業應首先堅持承擔責任原則。因為此時公眾會關心兩方面的問題：一方面是利益問題，利益是公眾關注的焦點，因此無論誰是誰非，企業應該承擔責任。即使受害者在事故發生中有一定責任，企業也不應首先追究其責任，否則會加深矛盾，引起公眾的反感，不利於問題的解決。另一方面是感情問題，公眾很在意企業是否在意自己的感受，因此企業應該站在受害者的立場上思考問題，並予以表示同情和安慰，通過新聞媒介向公眾致歉，解決深層次的心理、情感關係問題，從而贏得公眾的理解和信任。

　　實際上，公眾和媒體往往在心目中已經有了一桿秤，對企業有了心理預期，即企業應該怎樣處理才會感到滿意。在危機發生後，企業應該時刻將公眾和消費者的利益放在第一位，並確定採取合適的行動切實維護公眾和消費者的利益，這是贏得公眾認可的關鍵，同時也可以及時贏得新聞媒體的認可。很多

時候，公眾希望看到的僅僅是企業屈尊認錯與積極改正的態度
與行為，而不是要真正把企業置於死地。因此企業絕對不能選
擇對抗，態度至關重要。

　　20 世紀 70 年代日本本田公司發生過一次嚴重危機，就是
著名的「缺陷車事件」。當時本田剛擠入小轎車市場，在幾家實
力雄厚的大企業夾縫中生存。剛打開銷路的「N360」型小轎車
卻出現了嚴重的品質問題，造成上百起人身傷亡事故。受害者
及家屬組成聯盟抗議，本田瞬間聲名狼藉，企業生存岌岌可危。
本田並未在輿論的重壓下亂了陣腳，而是立即以「誠」的態度
承認失誤。本田馬上舉行記者招待會，通過新聞媒介向社會認
錯，總經理道歉之後引咎辭職，同時宣佈收回所有「N360」型
轎車，並向顧客賠償全部損失。他們還重金聘請消費者擔任本
田的品質監督員，經常請記者到企業參觀訪問，接受輿論監督。
本田的誠心打動了挑剔的日本人，並最終在公眾心中樹立起了
「信得過」的形象。

二、真誠溝通原則

　　企業處於危機漩渦中時，是公眾和媒體關注的焦點。企業
的一舉一動都將接受質疑，因此千萬不要有僥倖心理，企圖蒙
混過關；而應該主動與新聞媒體聯繫，儘快與公眾溝通，說明
事實真相，促使雙方互相理解，消除疑慮與不安。

　　真誠溝通是處理危機的基本原則之一。這裏的真誠指「三
誠」，即誠意、誠懇、誠實。如果做到了這「三誠」，則一切問

題都可迎刃而解。

1.誠意

在事件發生後的第一時間，公司的高層應向公眾說明情況，並致以歉意，從而體現企業勇於承擔責任和對消費者負責的企業文化，贏得消費者的同情和理解。

2.誠懇

一切以消費者的利益為重，不回避問題和錯誤，及時與媒體和公眾溝通，向消費者說明工作的進展情況，重拾消費者的信任和尊重。

3.誠實

誠實是處理危機最關鍵也最有效的解決辦法。我們會原諒一個人的錯誤，但不會原諒一個人說謊。

1973 年 8 月，英國的《新國際主義者》發佈一份報告，「據統計資料表明，只有 2%的母親是由於生理原因不能哺育和只有不到 6%的母親是由於不在家而不能哺育。某些食品公司為了商業利益而片面宣傳其產品的母乳替代作用，發展中國家由於相信了這些宣傳，每年有 1000 萬嬰兒因非母乳餵養而帶來營養不良、疾病或死亡」。由此引發了抵制雀巢產品的世界性運動，這場抵制運動以「維護母乳餵養」為主旨，反對以雀巢公司為代表的世界食品工業企業不負責任地在發展中國家大量傾銷嬰兒牛奶等食品。

雀巢公司的決策者採取了對抗的方式，將該文作者告上法庭。結果被告因沒有足夠的證據支撐其「雀巢公司是嬰兒殺手」的觀點而敗訴。但是令雀巢始料不及的是，雖然贏得了官司，

卻失去了媒體和公眾的信任，引起了抵制運動的全面爆發。美國新聞記者密爾頓‧莫斯科維茲甚至稱「抵制雀巢產品」運動是「有史以來人們向大型跨國公司發起的一場最爲激烈和最動感情的戰鬥」。

　　直到 1980 年末，雀巢公司才意識到具有對抗性的法律手段並不能解決所有的問題，於是重金聘請世界著名的公關專家帕根爲公關顧問。帕根把工作重點放在抵制情緒最嚴重的美國，專心聽取社會批評，開展遊說活動：成立了權威性的聽政委員會，審查雀巢的經銷行爲；調整產品推廣方案，在廣告上加入了母乳餵養的好處等營養學常識；在華盛頓還成立了雀巢營養學協調中心，要求各地經銷商注意平衡市場推廣和營養常識普及的宣傳力度，這一系列的舉措逐步挽回了雀巢的信譽。

　　這場長達 10 年的抵制運動讓雀巢付出了沉重的代價，僅嬰兒乳製品一項直接損失就達 4000 萬美元之巨。

三、速度第一原則

　　好事不出門，壞事行千里。在危機出現的最初 12～24 小時內，消息會象病毒一樣，以裂變的方式高速傳播。而這時候，可靠的消息往往不多，處處充斥著謠言和猜測。公司的一舉一動將是外界評判公司如何處理這次危機的主要根據。媒體、公眾及政府都密切注視著公司發出的第一份聲明。對於公司在處理危機方面的做法和立場、輿論贊成與否往往都會迅速見諸傳媒報導。

因此，公司必須當機立斷，快速反應，果決行動，與媒體和公眾進行溝通，從而迅速控制事態；否則會擴大突發危機的範圍，甚至可能失去對全局的控制。危機發生後，能否首先控制住事態，使其不擴大、不升級、不蔓延，速度第一原則是處理危機的關鍵。

1993 年 7 月，美國百事可樂公司突然陷入一場災難。美國的各個角落都在傳說，在罐裝百事可樂內接連出現了注射器和針頭。甚至有人繪聲繪色地描述針頭如何刺破了消費者的嘴唇。在愛滋病蔓延的美國，人們立刻把此事與傳染愛滋病聯繫起來。一時間，許多超級市場紛紛把百事可樂從貨架上撤走。

百事可樂公司及時、迅速、果斷地推出了一系列措施。一方面通過新聞界向投訴的消費者道歉，並感謝其對百事可樂的信任，還給予其一筆可觀的獎金以示安慰，並邀請其到生產線上參觀，使其確信百事可樂品質可靠；另一方面百事可樂公司不惜代價買下美國所有電視、廣播公司的黃金時間和非黃金時間反覆進行闢謠宣傳，並播放百事可樂罐裝生產線和生產流程錄影，使人們看到飲料注入之前，空罐個個口朝下、經過高溫蒸氣和熱水衝擊消毒後便立即注入百事可樂飲料，隨之封口，整個過程在數秒鐘之內完成，使消費者看到任何僱員要在數秒鐘之內將注射器和針頭置於罐中都是不可能的。隨後百事可樂公司通過與美國食品與藥物管理局密切合作，由該局出面揭穿這是件詐騙案，政府部門主管官員和公司共同在電視螢屏上作證，事實得以澄清。

由於百事可樂公司及時地把真相告知公眾，其聲譽很快地

得到恢復，公眾對其產品也就更加信賴，百事可樂不僅沒有在危機中毀滅，相反在危機中更得到了提升。

四、系統運行原則

危機的系統運作由處於危機管理中的人及時發現、及時收集資訊，並對資訊進行分類、整理、評估、記錄，向各個部門提供客觀的重要資訊；並上報決策層，準確把握其中的有利資訊，開展有效的、嚴密的公關活動；加強與公眾之間的協商對話，避免出現公眾對企業的敵視現象，建立企業與消費者、公眾之間新的信任與合作關係，進而順利解決危機。運用系統運行原則處理危機，要做好以下幾點：

1. **以冷對熱，以靜制動**

危機會使人處於焦燥或恐懼之中。所以，企業高層應以「冷」對「熱」，以「靜」制「動」，鎮定自若，以減輕企業員工的心理壓力。

2. **統一觀點，穩住陣腳**

在企業內部迅速統一觀點，對危機有清醒認識，從而穩住陣腳，萬眾一心，同仇敵愾。

3. **組建班子，專項負責**

一般情況下，危機公關小組由企業的公關部成員和企業高層領導直接組成。這一方面是高效率的保證，另一方面是對外口徑一致的保證，使公眾信賴企業處理危機的誠意。

4.果斷決策，迅速實施

由於危機瞬息萬變，在危機決策時效性要求和資訊匱乏條件下，任何模糊的決策都會產生嚴重的後果。所以，必須最大限度地集中決策使用資源，迅速做出決策，系統部署，並付諸行動。

5.合縱連橫，借助外力

危機來臨時，應充分和政府部門、行業協會、同行企業及新聞媒體密切配合，聯手對付危機。在眾人拾柴火焰高的同時，增強企業的公信力和影響力。

6.循序漸進，標本兼治

要真正徹底地消除危機，需要在控制事態後，及時準確地找到危機的癥結，對症下藥，謀求治「本」。如果僅僅停留在治標階段，就會前功盡棄，甚至引發新的危機。

1984 年 12 月 3 日深夜，從印度博帕爾一個地下儲藏罐中洩漏出來一股有毒的氣體，覆蓋了週圍 25 平方英里的土地。凌晨時，已有 1200 人死亡，20000 人中毒。這種毒氣是印度農民和果農所用殺蟲劑的基本原料，由美國聯合碳化物公司印度分公司生產。新聞媒體的記者、環境組織的代表、政治家、毒氣專家都迅速介入了這場災難。有關博帕爾事故的報導在幾小時內就出現在了報紙的頭版頭條。

美國聯合碳化物公司總部得到消息後，立即向全世界各地的分公司發出指令，停止該種氣體的生產和運輸，並於當天在總部所在地康乃狄格舉行新聞發佈會，派出一個由 1 名醫生、4 名技術人員組成的小組赴印度調查事故原因。第二天，公司

董事長沃倫・安德森冒著被逮捕的危險飛到了印度親自調查。

由於反應及時，聯合碳化物公司逐步贏得了主動權。但是由於缺乏系統的危機管理運作，聯合碳化物公司的管理人員對記者的提問和猜測莫衷一是。結果，不少記者在新聞稿裏開始猜測有關事故的原因、工廠的安全保障情況、致命化學品是否能在人口密集地區進行生產、可能出現的大規模索賠以及公司應該承擔的責任等。這些猜測作為頭條新聞廣為傳播，使聯合碳化物公司付出了沉重的代價。

五、權威證實原則

在危機發生後，企業不要孤軍奮戰，而要「曲線救國」，請有重量級的第三方在前臺說話，使消費者解除戒備心理，重獲他們的信任。

權威證實原則爭取權威的支持包括三個方面的工作：

1.隨時調動新聞媒體的傳播功能

現代社會中新聞媒體的影響越來越大，深入到社會生活的各個層面，形成一股誰也無法忽視的力量。在危機中和危機後，企業應該處理好與新聞媒體的關係，儘量爭取到主要媒體記者和編輯的信任與支持，得到新聞媒體公正對待的機會，這將有利於引導輿論並減小負面輿論的不利影響，對企業走出危機是很重要的。如果企業本身沒有過錯，還可以借助記者的參觀訪問，把企業真實的一面通過記者報導展示出去，這也是很多新聞公關的策劃思路。

2.爭取權威機構的支持

危機發生後，消費者必然會對企業的服務與產品產生懷疑和恐懼心理，特別是在這個輿論導向多元化的時代。這時，如果企業能夠和政府機關、行業協會等權威機構保持坦誠合作，得到它們的認可，通過它們發佈有利於企業的權威資訊，可以重新喚起公眾和消費者對企業的信任，加快解決危機的步伐。

3.爭取消費者代表的支持

消費者實話實說比企業解釋一萬遍都有效。

1983 年，英國利維兄弟公司推出「寶瑩」牌新型超濃縮加酶全自動洗衣粉，並迅速取得成功，一度市場佔有率上升到了50%。但不久報紙和電視紛紛報導稱這種新型洗衣粉會導致皮膚病，結果，該洗衣粉的市場佔有率驟降。在危機發生後，利維兄弟公司沒有自己辯解，而是採取了兩方面的措施：

⑴由消費者實話實說

公司開展了一次公關活動，在電視、報紙以及宣傳單上，由不同的家庭婦女擔任廣告的主角，對產品大加讚譽，稱「已有500萬家庭婦女認為新型的『寶瑩』牌全自動洗衣粉是當今最好的洗衣粉」。

⑵由權威專家實話實說

公司安排皮膚病專家進行獨立實驗，結果表明，「0.01%的皮膚病患者可能有與使用新型『寶瑩』牌全自動洗衣粉有關」，「與其他同類產品相比，它的這種百分比要小得多。」

通過消費者的肯定和權威專家的鑑定，寶瑩洗衣粉很快收復了失地。

第 *10* 章

危機狀態下的溝通管理

第一節　危機溝通概述

一、危機溝通的 3T 原則

危機溝通的 3T 原則即主動溝通(Tell your Own tale)，全部溝通(Tell it all)，儘快溝通(Tell it fast)。

1.主動溝通原則

所謂主動溝通原則，是指組織主動將危機有關資訊對外披露。如果在危機發生後，組織以沉默代替溝通，人們就很可能用自己的主觀臆測來填補所有的疑問，組織有效危機溝通管道的缺失將導致謠言四起，噪音的出現將使組織喪失危機溝通的主動權，為危機的消除埋下隱患。採用主動溝通原則，就意味著組織成為資訊溝通的主管道。此時，公眾將組織作為主要的

資訊來源，別人的聲音就無足輕重了。

2.全部溝通原則

全部溝通原則是指組織將自己知道的危機事實全部告知公眾。使用這一原則，將意味著組織在對外溝通時向外界公佈危機事實，不隱瞞危機真相。

如果將危機相關者分為當事人和旁觀者兩類，當事人對危機資訊可採取的策略包括公開或隱蔽兩種，旁觀者對危機真實情況可能知情或不知情，則危機溝通策略有四種選擇：

⑴無可奉告

即在旁觀者不完全知情或完全不知情的情況下，當事人有意隱瞞危機的相關資訊。現代社會是一個高度曝光的社會，任何秘密都可能暴露出來，因此無可奉告策略帶有較大的危險性，一旦危機有關資訊被旁觀者知曉，組織就顯得十分被動。況且，組織一旦採取無可奉告策略，往往引起公眾的各種猜疑，造成謠言四起，對組織極為不利。執行無可奉告策略的基本假設是有關危機的資訊可以被控制住。

⑵全盤否認

即在旁觀者已經知情的情況下，當事人盡力否認危機相關資訊的存在。如果組織執行全盤否認的危機溝通策略，實際上是抱有逃脫罪責的幻想，但一旦事情敗露，對維護組織形象的努力將陷入更加被動的局面。

⑶主動披露

即在旁觀者不知情或不完全知情的情況下，當事人主動向外界公開危機的相關資訊。對於組織而言，雖然主動披露相關

資訊可能導致一定的法律成本，但組織信譽資產的價值要遠遠高於組織短期的法律成本，因此主動披露策略對組織往往是有利的。

⑷被迫承認

即在旁觀者已經知情的情況下，當事人被迫承認危機的相關資訊。一旦組織在危機溝通中到了被迫承認的地步，它必然在公眾中形成不誠實的形象，其影響往往是十分惡劣的，組織也將在很長一段時間內失去公眾的信任。

上述四種溝通模式中，第三種是將風險控制在一定程度內的做法，符合危機溝通的主動溝通和全部溝通原則，前兩種做法雖然有僥倖逃脫懲罰的可能性，但一旦隱瞞失效，災難將倍增。事實上，在現代社會資訊空前發達的條件下，任何事實真相都無法長期被隱瞞。

3.儘快溝通原則

奧古斯丁說：「我自己對危機的最基本的經驗，可以用六個字概括──『說真話，立即說』。」在實施危機溝通時，組織不但要積極主動講真話，還要注意在第一時間進行溝通。如果組織拖拖拉拉，各種傳言往往就有了先入為主的效果。此時，組織要想再改變公眾的認識、信念和態度就難得多了。

當組織面對危機的時候，是考驗組織的應對及管理能力的時候，而其中很重要的就是組織的媒體關係能力。如果組織已經建立了比較融洽的媒體關係，再輔助恰當的危機管理技巧，則很可能將危機的危害程度最大限度地降低，甚至消滅。反之，則很可能將危機無形放大，媒體會成為危機的推波助瀾者，甚

至媒體本身就是導火索。

　　現在的媒體競爭是非常激烈的，也希望能夠與不同組織建立比較暢通的關係，以便能夠隨時瞭解組織動態，並從中挖掘出所需要的有價值的新聞資訊。組織與媒體建立良性的溝通關係，本身就是互惠互利的事情。在建立媒體關係的時候，要有意識地進行媒體分類，如組織所在地媒體(當地媒體)、區域媒體、全國媒體(可再分為國家級媒體、中央級媒體、主流媒體、行業類媒體、財經類媒體、時尚類媒體、專業類媒體、網際網路媒體等)。

　　因此，最好的媒體公關之道就是在平時注意積累與媒體之間的關係，尤其是組織的公共關係部門或者組織文化中心的主要負責人要擅長與媒體交朋友，比如經常安排組織的主要領導人接受一些媒體的訪問，及時將組織的資訊動態傳遞給媒體，組織的內刊、簡報等及時郵寄給媒體，有重大科技發明、新產品上市等邀請媒體現場觀摩等。另外，必要的時候可以召開一些媒體見面會、聯誼會等，這些都是積累媒體的手段。

二、危機溝通的管道

　　危機溝通的過程中，選擇適當的時機，把利益相關者關心的問題通過合適的管道傳達出去，是與公眾溝通的重要環節。在危機中，可以有效利用的管道包括：

1. 新聞媒介
通過報刊、電視、廣播、網路等媒介傳達組織資訊是危機

溝通管理的主管道，具體方式包括召開新聞發佈會、投放新聞
稿件等。

在危機影響範圍很廣的情況下，組織需要大範圍地發佈資
訊，這時要考慮在那些利益相關者可能關心的、有權威的新聞
媒體上發佈組織聲明、公告與新聞稿，要注意聲明、公告本身
的權威客觀性，有說服力，足以抵制可能影響到組織形象的壞
消息的出現。

2.個別會談

在危機中，對於一些重要的利益相關者，特別是危機的受
害者，個別會談是一種最直接有效的方式，組織可以安排合適
的危機管理人員主動上門回答顧客的問題，聽取他們的意見，
消除他們的疑慮。

3.網路平臺

網路已經成為現代組織與利益相關者溝通、互動的主管道
之一。在危機中,組織要充分利用網路傳播的即時性和互動性,
一方面傳達組織對危機的方針、政策和應對措施，通報危機管
理的進展情況；另一方面瞭解利益相關者的態度、意見和需求，
通過 BBS、聊天室、Email 等雙向溝通手段化解衝突，謀求合作。

4.記者採訪

對於記者採訪，組織往往容易割裂自身與外部公眾的聯
繫，其實記者的報導是公眾資訊的最主要來源。組織要迅速開
放資訊管道，通過記者把最需要告訴公眾的核心資訊及時傳達
出去，把必要的資訊公諸於眾，填補公眾的資訊空白，讓公眾
及時瞭解危機事態和組織正在盡職盡責處理危機的情況。組織

永遠不要試圖隱瞞什麼,對前後資訊要口徑一致,不要隨意改變對問題的解釋。

5. 接待來訪

對於來訪人員,可單獨接待,也可通過座談會等形式集體接待,要視來訪人員的身份、情緒和溝通話題而定。身份重要、情緒激烈、話題重大的來訪人員,適於單獨接待;對那些投訴內容大體相同的一般來訪人員,可選擇其中部份代表進行集體接待。組織應設立專門的接待人員,其職責在於接待各方面來訪的利益相關者,如記者、受害者及其家屬、投訴、信訪的公眾、社區代表、合作夥伴、主管部門、司法部門人員等。接待人員上崗前應由危機管理小組進行統一、專業化的培訓。接待地點亦應慎重考慮,要安排在有利於溝通的場所、環境之中,有條件的組織可設立專門的接待中心。

6. 熱線電話

危機爆發後,組織應儘快開通和公佈熱線電話,以備利益相關者的投訴和諮詢。一般而言,熱線電話有必要保持 24 小時暢通,這不但可以確保工作效率,也同時向外界表明積極、主動化解危機的態度。對那些能夠當即予以解答的問題,應明確告知對方;對那些暫無定論或沒把握的問題,熱線接聽員要發揮中轉站的作用,及時向決策者彙報相關資訊。

7. 信件與電子郵件

對於不能直接交流的重要顧客,當組織需要快速傳達所要溝通的消息時,可以考慮利用信件或者電子郵件等手段與其溝通,把組織的資訊及時傳達給對方。

8. 權威機構和人士

外部專家或者能夠就利益相關者所提出的問題具有權威性回覆的某領域專業人士都是資訊傳遞的重要管道。爭取權威機構和人士的支持與認同，通過他們與利益相關者進行對話是危機溝通管理的重要途徑之一。

管道選擇的關鍵在於，要充分發揮大眾傳播、組織傳播、群體傳播和人際傳播等不同管道的優勢，在資訊溝通上形成立體、呼應之勢，以達到勸服的目的。

第二節 危機溝通的策略與技巧

一、危機溝通的策略

1. 樹立全員公關意識

在危機發生後，組織應讓全體員工樹立危機公關意識，使他們掌握必要的危機公關技巧，與公司的對外態度保持一致，並通過員工的言行舉止感染外部公眾。在危機處理中，儘管有專門的發言人負責對外溝通工作，但組織對危機的基本態度卻實實在在地體現在每位員工的精神面貌上，落實在員工的具體行動中。

2. 對外統一口徑

在危機溝通中，前後矛盾、數據衝突等問題往往在公眾中

造成很不好的影響。對於暫時不能確認的事情,組織應說明實際情況,並表明自己正在著手開展調查或制訂方案,而不能隨便表態,以免陷入被動的局面。組織危機管理小組不但要明確專門的發言人,還應明確危機溝通的具體內容,確定統一的危機溝通口徑。

3.管道選擇要多樣化

組織應綜合運用多種形式的危機溝通管道,以使公眾對危機的實情有正確的認識,避免公眾的誤解。高效的危機溝通管道往往具有全方位的特點,常見的危機溝通管道包括以下一些類型:

(1)通過大眾媒體進行溝通。具體包括召開新聞發佈會、向媒體提供新聞稿、接待記者採訪等。

(2)組織專員接待來訪。其職責在於接待各方面來訪的公眾,包括媒體、政府部門、受害者及其家屬、供應商、經銷商等。

(3)設立熱線電話。熱線電話往往能夠發揮良好的作用,其效果取決於熱線電話接聽人員的素質,為此,組織應對他們進行針對性的培訓,並就一些最常見的問題,準備規範的答案。一般情況下,在危機爆發之後,應立即開通並對外公佈專門的熱線電話,以備公眾的投訴和諮詢。有條件的組織,熱線電話應 24 小時開通。

(4)充分利用網路資源優勢。在危機處理期間,網路資源是必須利用的重要管道之一,網站上的相關內容要注意及時更新,並加強後續報導。危機伊始,組織必須通過網路澄清危機

的有關事實，發佈危機處理的最新進展，並就公眾關注的各種問題予以明確的答覆。

4. 注重互動交流

在危機處理過程中，一些組織十分注意將危機發生的經過、處理過程、處理結果及時告知各界公眾，但過分依賴這種單向的溝通方式，沒有建立有效的資訊回饋管道，結果事倍功半，效果很不理想。事實上，危機溝通應該是雙向、互動的。組織及時向各界公眾溝通資訊可以幫助公眾瞭解危機的實情，避免謠言的產生，使公眾認識到組織爲解決危機所付出的巨大的努力。組織建立各界公眾發表自己意見和建議的管道，則有助於組織瞭解公眾的真實想法，使組織明確危機癥結之所在，找到合適的危機解決途徑，同時，可以爲公眾提供一個情感宣洩的機會。

5. 加強情感溝通

在解決直接的、表面的利益問題的基礎上，注重與公眾的情感溝通就顯得非常重要。組織應根據所面對的公眾的心理特點，採取恰當的情感聯誼手段，解決公眾深層次的心理問題，平息公眾的怨恨心理，強化組織與公眾的情感關係。因爲按照馬斯洛(Maslow)的需求層次理論，感情和歸屬的需要是人最重要的需求之一。在危機發生以後，公眾除了利益抗爭之外，還存在著強烈的情感對抗。如果組織不注意危機對公眾情感造成的影響，則很容易使公眾的情緒進一步激化。

6. 語言通俗易懂

加拿大道化學公司的唐納德・斯蒂芬指出：「堆積數據令公

眾煩躁，唯有用帶有感情色彩的語言，簡潔明瞭地概述關鍵性事實，才能使你的資訊傳播主動，並顯示出組織對公眾的關心。」可見，在對外部公眾開展危機溝通時，一味從技術上對危機進行解釋，使用大量生僻的技術術語，往往會招致公眾的反感和厭惡。

7.確保公關活動的持續性

持續溝通是組織增進與公眾的感情、確保組織儘快從危機中恢復過來的有力保障。許多組織往往犯這樣的錯誤，在危機爆發之初，迫於社會公眾強大的輿論壓力，很注重溝通，希望通過頻繁的危機公關儘快控制事態的惡化。但隨著危機激烈程度的緩解，它們便減少乃至停止了溝通。事實上，採取合理的途徑將危機處理結果向公眾傳播能夠給危機處理過程畫上一個圓滿的句號。

二、危機溝通的技巧

在大量的危機管理實踐中，人們積累了一些有益的有關溝通技巧的經驗。憑藉這些成熟的溝通技巧，能夠增強組織的溝通能力，有助於提升溝通的品質。

1.姿態表達

在危機中，由於溝通情境的特殊性，姿態也成為影響溝通效果的重要因素。總體來看，執行溝通任務的專門人員要表現出既非對抗又不逃避的姿態，例如：

(1)正常的視線接觸；

(2)放慢呼吸；

(3)自然的手臂動作，不要抓耳撓腮，也不可以手指人，前者意味著慌亂和退卻，後者代表著指責和攻擊；

(4)誠懇的微笑，不要勉強，也不可放肆，因爲兩者都帶有挑戰性；

(5)語速要比平常稍慢，聲調要比平常稍低。相反，快語速和大嗓門都會增加緊張感。

當交流發生在遠距離，譬如通過電話進行溝通時，注意力更要集中於語氣、詞語選擇和對話氣氛的調整上，要讓對方能夠感受到你在以一種怎樣的態度面對他，甚至能夠想像你打電話時的身體姿態。

以上姿態有助於溝通者保持冷靜、坦率、公正的形象，而這一點又恰恰是危機溝通管理所必需的。

2.主動傾聽

在傾聽過程中，溝通任務的執行者要善於使用肯定和贊許的用語，諸如「很好」、「確實如此」、「非常有見地」、「請接著講」等，以刺激和鼓勵對方交流的慾望。這種方法最低限度地打斷了對方，卻最大限度地掌握了對方的意圖，實質上是一種以被動換主動的策略。可見，傾聽並不代表自己在溝通中處於配角地位，相反它是獲得資訊、爭取主動的重要途徑。沒有傾聽的對話，無論對那一方來說都是失敗的。

3.清楚表達

在具體表達時，要儘量使用名詞、動詞，而儘量回避那些義項含糊、容易產生歧義的形容詞、副詞、轉折詞——它們往

往造成理解偏差或斷章取義。因為溝通的目的在於清楚、明晰的資訊交換，以消除彼此對特定資訊內容的不確定性。溝通任務的執行者要清楚、無誤地傳達自身的意見和立場，切忌帶來更多的偏見和誤解。因此，主題明確、言簡意賅便成為表達的上策。

4.重覆與列舉

列舉也是有效溝通的重要方法，「比如……」、「他們也……」、「事實包括如下幾個方面………」、「相關數據有……」等句式可以把自己的觀點演繹開來，喚起對方的傾聽期待，使表達更具說服力。重覆對方觀點以示確認，或者重覆自己談話的關鍵內容以示強調，都是必要的溝通技巧。它有利於改變和調節談話的節奏，更重要的是，可以避免最有價值的資訊被傾聽者遺漏。

5.善解人意

溝通任務執行者要表現出坦誠關愛，設身處地考慮談話對象的現實處境。這就要求換位思考，同時，換位思考還有利於針對性地規劃和調整溝通內容，避免信馬由韁和無的放矢。這種善解人意的方式要求我們在溝通時多站在對方的立場上思考問題，譬如「假如我是他，會怎樣說？怎樣做？…」、「假如我是他，希望得到怎樣的答覆？」這樣的思考方式，可以促進彼此間的瞭解、信任和寬容，減少摩擦、衝突和對抗。

再完美的溝通技巧也無法彌補貧弱的溝通內容，內容設計始終是溝通的核心。當然，理想的境界是內容與技巧相得益彰，內容空洞和技巧笨拙都要不得。除以上五項外，講究禮貌禮儀、

注重情感交流、避免生僻用語等也是危機溝通管理的必備技
巧。需要強調的是，無論那一種技巧都要自然而然，矯揉造作
只能適得其反。

第三節　危機中的謠言與噪音管理

　　謠言是指憑空捏造的帶有惡意的虛假資訊，謠言的傳播對
於處於危機中的組織殺傷力十分巨大。因此，組織應該如何有
效應對公關危機中的謠言傳播是危機溝通中的一個十分重要的
內容。

　　謠言傳播具有突發性且流傳速度極快，它就像瘟疫一樣，
一個謠言往往不知從何處冒出來，然後就開始迅速繁殖、流傳
開來。在危機中面對紛雜的頭緒，組織可能會無暇應對，這時
就給謠言的傳播製造了空間。對於組織危機管理來說，控制謠
言的產生是極為重要的事情，而且預防要比控制的效果好得
多，也就是說最好在謠言的形成期就把謠言的形成動機戳穿。

　　一般來講，謠言傳播通常會經過形成期、高潮期和衰退期
三個階段。在謠言傳播的形成期，只有少數人作為謠言的發源
地相互議論，隨著謠言的傳播速度開始加快，迅速傳給他人形
成一種「鎖鏈式傳播「，這樣就進入了謠言傳播的形成期。當
謠言為絕大多數公眾所接受，謠言傳播就進入了高潮期。其後，
隨著謠言重要性的減弱，謠言傳播的頻率開始下降，謠言傳播

逐步進入衰退期，直到謠言完全消失。

一、查找謠言的傳播源

在現代組織危機管理中，謠言傳播的主體及其動機具有相當的複雜性，無論是企業型組織的消費者還是競爭對手抑或社會公眾都會成爲謠言的策源地，他們彼此充當著不同的角色。對於政府型組織而言，謠言的源頭可能更爲複雜，而且產生的效果也更具危害性。這裏介紹的傳播源主要以企業型組織爲主。

1. 競爭對手

當今形勢下，利益的爭奪成爲市場競爭的主流，經常有人使用非法手段參與市場佔有率的爭奪，以達到自身的目的。處於競爭關係的一方爲擠垮對方、奪取更大的市場佔有率，會釋放一些沒有科學依據、不符合實際的資訊攻擊對方。因而，競爭對手是企業型組織查找謠言出處時必須首先考慮的群體。

2. 新聞媒體

傳媒的過分熱情無異使得新聞媒體成爲謠言的傳播主體。更有甚者，傳媒的刻意炒作，往往使得危機中的組織火上澆油。這方面的例證不勝枚舉。這種謠言的發端可能並不帶有惡意，很多時候僅僅是出於新聞的獵奇性，但如果疏於防範，往往會給組織造成直接的損失。

3. 互聯網

互聯網的出現使危機公關變得越發有難度，如何控制網路語言的規範成爲組織應該考慮的問題。網路傳播的即時性、互

動性給人們獲取資訊提供了便利，但是網路傳播的匿名性、虛擬性使網上發佈資訊很難進行事前審查過濾，人們在獲取資訊時也很難根據資訊本身進行真偽識別，人們往往津津樂道並予以傳播。

4.消費者

消費者在消費的過程中，如果因銷售中的某一環節出現問題，容易出現對組織的不滿而成為謠言的製造者。在現實中，消費者往往會不自覺地充當謠言製造和傳播者的角色，其動機常常是由於對於產品或服務的不滿，特別在要求正當權利或索賠被遭到拒絕時會傾向於向親朋好友及社會公眾散佈謠言以發洩不滿。

5.社會公眾

其他社會公眾也會有意或無意充當造謠、傳謠者的角色。其中，有意者的目的在於利用謠言傳播混淆人們的視聽，以此方式發洩自己的某種卑劣的情緒。

6.人際間的口頭傳播

按照大眾傳播學的解釋，由於人際間口頭傳播很難保持資訊編碼、解碼的完整性與精確性，因此一些資訊難免在傳播過程中扭曲變形，甚至與信源的資訊相差巨大，從而形成謠言。人際間的口頭傳播是針對組織不利的謠言傳播的主要途徑，是最無形也最具殺傷力的。

7.多種媒介結合

危機中的謠言傳播從傳播主體開始會以人際間的口頭傳播、大眾媒體、網際網路等管道蔓延，更常見的是上述媒介的

交叉組合，會呈現出網狀的複雜結構。這表明，現實中的謠言傳播不是孤立的，往往是人際間的口頭傳播、大眾媒體與網路之間的結合，因此而形成的謠言資訊「漩渦「式傳播對組織的影響更大。

　　危機公關中的謠言傳播如不加以及時、有效的控制，可在一定階段形成強大的社會輿論壓力，從而給組織正常運作和組織形象以致命性打擊。謠言往往是對組織情況的一種猜測，其內容在傳播過程中並非是一成不變的，在資訊的解碼、解碼、釋碼過程中，記憶會隨時間的流失而發生變化，而且謠言傳播者在傳播中起一種主觀評點的作用，下一級公眾使內容本身帶有上一級傳播者意志出發的誇張性，也會引起謠言內容的偏激。對企業型組織而言，謠言傳播的內容是多方面的，例如產品的品質、服務、性能、包裝、商標，組織的資產重組、對手競爭、行銷管道、經營業績、財務狀況、人事變動等。最壞的謠言往往會宣揚組織反面消極的資訊，如產品品質下降、使用不安全、組織高層人員的異動、組織面臨破產等。

二、控制謠言的傳播

　　面對謠言傳播造成的公關危機，組織必須作出自己的正確選擇。克服謠言的影響，最好的方案是從自身做起，防患於未然，克服自己的弱點而使自己無懈可擊。如果已然身陷危機的話，組織就要注意通過成熟的危機公關傳播對謠言予以回應，為自己挽回聲譽。

1. 建立謠言的監控機制

組織可以借鑑其他組織的經驗教訓，針對組織自身的內、外部環境，預測可能出問題的環節，對症下藥制定相應的公關措施，這些措施應該儘量具體、完善、富有操作性，並使之制度化、標準化。尤其要針對非自身原因而形成的謠言惑眾等問題，組織更應儘快制定危機公關的具體步驟和防範策略。

在預警的過程中，對於企業型組織而言，需要組織針對可能出現謠言的一些方面作出相應對策：儘量做好自身產品與服務，出現問題的話就及時派專人與消費者溝通、協商解決；與媒體聯繫，防止不實、不利資訊擴散；內部查找問題產生的原因，對問題性質定論等。

伴隨資訊社會的到來，資訊掌握的快慢將成為決定組織發展的重要因素，加強組織內部溝通的順暢、市場訊息的及時把握顯得十分必要。危機管理機構要善於建立組織危機預警機制，對組織可能發生的謠言危機進行監控，當謠言一有苗頭，組織訊息系統就會很快地感受到，及時回饋到管理層，以便隨時保持警惕，以備隨時對外宣傳更正。

2. 組建有針對性的危機管理機構

應對謠言的措施最好是要做好組織上的準備，有備而無患。作為危機溝通主力軍的危機管理機構應該更多地擔當起回擊謠言的責任，還可以臨時組建專門的管理小組以應對謠言。

這一類型的危機管理小組成員應包括：

(1)負責人。最高管理層參與謠言防範管理的目的是要保證其管理的權威性、決策性，他是重要問題的最終決策人物，有

利於儘早作出權威決斷。

(2)公關專業人員。是危機公關的理論參謀和具體執行者，負責危機公關程序的優化和實施。

(3)消費者熱線接待人員。他們是接受消費者投訴、溝通資訊和對外樹立形象的重要環節，是危機公關的第一道門戶，如果處理得當的話，往往會把由投訴引起的謠言危機消滅在萌芽狀態。

(4)法律工作者。近年來組織與消費者之間的糾紛越來越頻繁、索賠金額越來越高，法律工作者出面利於儘早通過法律途徑解決糾紛。而且作為組織的法律事務顧問他們熟悉組織日常運作過程中可能出現的法律問題，便於在法律程序上保證組織行為的正確性。

(5)生產、品質保證人員。他們熟悉生產流程，容易把握生產過程出問題的環節，便於應付來自消費者及媒體的疑問。

(6)銷售人員。對於流通程序熟悉，容易把握流通過程出問題的環節。

在危機管理小組中要指定組織危機公關的新聞發言人，在危機來臨時刻，組織內部會很容易陷入混亂的資訊交雜狀態，不利於形成有效的危機傳播，因而形成一個統一的對外傳播聲音是形勢要求的必然結果。危機管理小組強調組織內每個關鍵環節都有人參與，就是要在謠言爆發初期比較容易地找出問題所在，避免拖拉、扯皮現象，以便及時採取措施對症下藥而掌握主動。新聞發言人專門負責與外界溝通，尤其是新聞媒體，及時、準確、口徑一致地按照組織對外宣傳的需要把公關資訊

發佈出去，形成有效的對外溝通管道。這樣，就可以避免危機
來臨時對外宣傳的無序、混亂以及由此可能產生的公眾猜疑，
便於組織駕馭危機公關資訊的傳播。小組的其他成員都應該被
賦予明確的權利和義務，以配合新聞發言人的工作開展。

三、控制資訊、回擊謠言

　　組織應該在謠言傳播的初期尋找謠言的來源、影響範圍、
造謠者的意圖背景，以便對不同類型的謠言進行有針對性的控
制，並制定出回擊的手段。

　　謠言出現後，組織要很快地作出自己的判斷，確定組織公
關的原則立場、方案與程序；在最快時間內把組織已經掌握的
危機概況和組織危機管理舉措向新聞媒體做簡短說明，闡明組
織立場與態度，爭取媒體的信任與支持，避免事態的惡化。在
危機管理的經典著作中，都把危機發生的最初的 4 小時作為組
織工作的重點，盡可能向公眾提供其關心問題的相關資訊，並
通過擴大信息量的方法來防止歧義產生，以消除他們對組織相
關問題的神秘感，這是減少謠言進一步擴散的重要方法之一。

　　當前形勢下，新聞媒體的力量前所未有的高漲，媒體會比
組織更關心危機進程，也更有自以為是的對應措施提示給組
織；同時，它們往往會傾向於保護弱者，暗中無形地加大了組
織危機管理的難度。在回擊謠言的過程中，組織必須充分發揮
和利用新聞媒體的優勢，因為資訊社會裏新聞媒體在社會中的
地位和作用日趨重要，它們對於組織的評判往往會左右著社會

輿論，它們的輿論關係著組織的聲譽和品牌形象。

　　組織危機公關會伴隨著種種猜疑而艱難地進行，要注意及時地把最新情況與進展通報給媒體，也可以設立專門的資訊溝通管道方便新聞媒體和社會公眾的探詢，爲真相大白之日做鋪墊。這裏的一大問題是媒體對於組織危機的敏銳反應和過度關注，可能導致報導的失真或非理性化，因而能否爭取到新聞媒體的真實客觀報導是危機公關的第一道難題。與新聞媒體的關係處理絕不是一件一蹴而就的事，加強日常的情感聯絡是非常必要的，這樣也有利於組織及早發現投訴事件的苗頭，杜絕不利資訊在新聞媒體中的傳播,決不能在謠言四起時才想起它們。

　　對於競爭對手來說，謠言的產生給其一個難得的進攻機會，對手可能會利用一切機會來借機提高自己的影響而詆毀對方。組織可以通過各種途徑，給予同行一種暗示，不要利用謠言做什麼文章，這樣對於雙方都不是好事情。

　　組織要注意爭取社會公眾的理解、支持與信任，防止社會信任的喪失是頭等大事，這就意味著組織要積極主動地作出組織的某種表示或說明來挽救組織聲譽。社會大眾作爲組織的外部公眾，是組織生產、銷售、公關的現有或潛在的對象，對組織會有無形的壓力。謠言會潛在地影響到所有消費者——他們會據此重新判斷組織產品或服務的價值問題。

　　在對謠言處理的過程中，還應特別引起重視的是政府機構的作用，事實上，挽救危機的一個關鍵也是爭取權威機構的鑑定支持，它們的結論往往是公正評判的最終依據。尤其是某些行業管理部門,它們對於組織的評價往往具有起死回生的力量。

　　隨著公關工作的開展，應確保組織內部資訊暢通無阻，盡可能讓外界瞭解組織關切公眾利益的立場與態度。為配合公共關係措施的有效執行，組織要適當採用「以闡述事實為主，必要時可採用嚴正聲明」的公關廣告宣傳形式，拿出科學證據和事實，在謠言的主要密集區、在謠言的高潮期之前廣為投放，用正確的資訊贏得公眾。同時，組織也要注意適時司法介入。司法介入主要用以追究造謠者的法律責任，徹底揭穿謠言的真相，同時對其他公眾起一種警告和威懾力量，防止謠言肆無忌憚地蔓延。在具體傳播內容上要從兩方面入手：

　　首先，要儘快拿出事實真相給謠言傳播者以迎頭痛擊——謠言最怕事實。此時，需要發揮輿論領袖的作用，如政府機構、行業協會等，利用他們的權威性消除謠言的影響；其次，注意從正面闡述真相，在必要的情況下適時對公眾作出必要的承諾。要儘量避免重覆謠言本身，以防公眾只獲取資訊中的謠言片段而強化對謠言的信任。

心得欄

第 *11* 章

危機公關策略

第一節　化解危機的公關

　　預測危機並建立危機管理資訊庫，對企業的內外部環境進行週密的分析。應用現代資訊技術，組成一個熟悉本企業內部運作、具有敏銳的洞察能力及分析能力的調研小組，收集企業的內外部環境情況資訊，並對資訊進行詳細週密的分析。識別各個部門內部、外部潛在的危機，將潛在的導致危機產生的資訊歸類編號，建立危機管理資訊資源庫，並定期對以往國內外產生危機的企業現象進行多管道、多方向、多性質的判別診斷，形成系統的危機資訊，以方便企業的危機管理工作的開展。

　　公關危機一旦出現，企業就應立即對其做出反應，採取各種果斷措施，進行人員、產品和事件等方面的隔離。控制危機蔓延態勢，努力使公關危機所造成的損失降低到最低程度。

在對危機隔離的同時，需要全面地調查情況，瞭解到事實的真相，找出危機的源頭，確認危機的類型。

在掌握了危機事件的全面資訊資料的基礎上，綜合研究資訊，制定解決危機的對策。

在企業內部，坦率地安排各種交流活動，保證內部及時溝通，增強企業的透明度和員工的信任感。以積極主動的態度，動員員工參與決策，同時進一步完善管理制度，規範企業行為。

在企業外部，首先要對危機中受害的消費者主動道歉，積極承擔責任，並給予物質補償。對新聞媒體，要本著合作的態度，統一口徑，主動將事件的真實資訊通過媒體傳播出去，從而告知公眾危機後的新措施和新進展。另外，要有針對性地開展一些有益於彌補形象的公共關係活動，設法提高企業的美譽度，改變公眾對企業的不良印象。

企業在處理各種可能影響到企業形象的事情時，一定要站在公共關係大局的角度來衡量得失，優先考慮消費者的利益得失。妥善處理危機，以積極的態度去贏得時間，重新建立起關心和維護消費者權益的良好形象。

第二節　常見的危機公關策略

1.防禦式化解策略

有些危機是可以提前預見的，防禦式策略的指導就是在事先採取防範措施，將危機消滅在萌芽狀態。這一策略是爲了防止不利於組織生存發展的消極因素發生，爲組織掃清道路，開闢良好的社會環境。

⑴適用條件

防禦式策略適用於所面臨的公共關係危機可以提前預見的情況，其出發點在於及早預見可能出現的危機，迅速採取行動，而不至於在危機突然出現時措手不及。

⑵掌握防禦式策略的處理要點

①加強危機意識

由於危機的隨時性與突發性，企業必須加強危機意識。平時對企業的自身狀況、環境變化及可能遇到的問題都要有清醒的認識和把握，隨時做好準備，根據形勢改變經營戰略，迅速識別出各種可能潛伏的危機和問題，避免危機發生。

②做好危機監測

安排專人收集各種反映危機跡象的資訊，找出最可能出現危機的部份及區域，捕捉各種問題或危機的苗頭，以便深入分析危機跡象產生的原因，合理預測危機跡象的發展趨勢，並根

據情況及時做出警報，以便調整組織的策略和行為，避免危機的發生。

③採取防範措施

一旦發生了危機的徵兆，企業意識到問題的原因就應立即採取對策，及時調整工作方向和政策、方針，把危機消滅在萌芽狀態。

2.快速化解策略

快速化解策略主要指企業通過自身力量來消除危機事件的影響，主要強調出手速度快，即快速控制事態發展，化解危機影響。

⑴適用條件

企業完全能夠獨立解決的、影響範圍較小的危機事件，可以用快速式策略來處理，如產品品質上的缺陷、媒體誤報事件等。

⑵快速化解策略的處理要點

①迅速平息公眾憤怒

一旦企業的產品或服務被顧客提出異議，就需要迅速解決，表明企業的態度，化解公眾可能出現的憤怒與不滿，解除公眾的後顧之憂。

②儘快控制事態發展

快速式策略強調控制事態快，即迅速截斷危機事件的傳播管道，縮減危機事件的涉及範圍，儘量將危機造成的損失縮減到最小。如果是本企業生產的產品品質問題引起危機時，就要迅速收回不合格產品，避免進一步擴散，或者立即組織檢修隊

伍,對不合格產品進行逐個檢驗,並通知銷售部門立即停止銷售這類產品。

3.矯正式化解策略

矯正式化解策略是指當企業出現危機時,及時糾正企業日常經營管理中的不當之處,盡力減輕損害結果,將危機事件對企業形象造成的不利影響扭轉過來。矯正式策略重在改善引起危機發生的不利方面,重新塑造企業在公眾心目中的形象。

⑴適用條件

當企業面臨不利輿論影響或遭到公眾責難時,可以採用矯正式策略來化解危機。通過開展矯正性活動,穩定輿論、平息風波,達到儘快恢復企業形象的目的。

⑵矯正式策略的處理要點

①加強溝通,闡明真相。

外部環境有可能導致企業陷入困境,如自然災害、經濟環境、不正當競爭、政策法規等因素都可能引發危機事件。對於這類危機,運用矯正式策略處理的重點在於加強企業與媒體、消費者、政府等社會公眾的溝通,迅速查明原因,向公眾闡明真相,通過真實的資訊糾正公眾對企業的錯誤認識和誤解,以此平息風波。

②真誠道歉,加強規範。

對由於員工素質低下、管理不規範、公關行為失當等原因而引發危機事件。處理的重點在於坦誠認錯,加強規範,通過知過必改的態度來矯正組織形象,爭取公眾的理解與支持,重新獲得公眾的信任。

4.進攻式化解策略

進攻式策略強調通過主動的出擊，加大公關攻勢，消滅危機發生的源頭，爭取廣大公眾信任、支持及好感，提高企業的知名度和美譽度。

⑴適用條件

當企業與外部環境發生矛盾衝突，危機近在眼前，可以果斷地採取進攻型策略，即找準時機，策劃公關活動，重新恢復企業形象。這種方法常用於受害性危機，如企業遭到假冒品的衝擊，競爭對手惡意散播謠言等，對此採取正面反抗，以攻爲守，創造新局面。

⑵進攻式策略的處理要點

①公之於眾

通過新聞媒體將假冒偽劣者的行爲公諸於世，比較真假產品在包裝、性能、壽命、售後服務等方面的區別。

②審時度勢

尋找進攻的突破口，要宣傳正牌產品的識別技術，告誡公眾不要上當。進行有理有據的、形象而生動的宣傳，使廣大公眾知曉並認同正牌產品。

③訴諸法律

如果和平的手段難以解決爭端，可以利用法律武器來維護組織的合法權益。如將生產假冒偽劣產品的廠商告上法庭，以討回公道，重塑組織的形象。但這種方法要慎用，使用不當，往往會出現贏了官司，輸掉信譽的「兩敗俱傷」局面。

5.間接式化解策略

間接式化解策略是通過權威機構、專家的證實來爲企業正名。即通過一系列策略來改變公眾原有的偏見,成功化解危機。

(1)適用條件

間接式策略用於依靠組織自身的力量,難以讓廣大公眾信服的公正性事件,即公眾的某種誤解已根深蒂固,企業自身所做的解釋難以起作用的情況。

(2)掌握間接式策略的處理要點

①依託權威機構

危機發生後,消費者必然產生抵制心理,此時最好的辦法是通過間接管道,依靠權威機構來證實,或者要求權威專家、學者發表看法,表示對組織及其產品的認同。例如可公佈權威機構的鑑定材料,召開專家學者座談會等形式。

②現身說法,增強可信性

可以邀請公眾親自試用,感受產品的性能與功用,用事實說話,或者邀請公眾信得過的人士來現身說法,以澄清事實,換取信任。

第 *12* 章

危機管理的常用對策

第一節　更換企業領導人

　　企業管理人員，特別是企業最高領導人，對企業經營的成敗具有舉足輕重的作用。企業最高領導人（總經理或總裁）能力不夠，或過於保守，或任人唯親，是很多企業衰退的根源。即使企業危機不是由此引起，很多平時很能幹的企業總經理或總裁在危機來臨時，往往束手無策，無法使企業起死回生。因此，在企業陷入困境時，更換領導人往往是許多企業不得不作出的選擇。

　　領導人的更換，能改變企業的觀念和內部環境，爲企業再度崛起指明新的方向。

　　國外很多企業都通過更換企業最高領導人而擺脫危機，使企業再度崛起。義大利首屈一指的菲亞特汽車公司是菲亞特集

團的一個組成部分，在義大利汽車業中首屈一指，被列爲世界十大汽車公司之一。誰也不會想到，這樣一個名聲顯赫的公司，在 1979 年以前的十年裏，竟是個面臨倒閉的公司。

當時，由於石油漲價、舊的管理模式的束縛、僵硬的工作方式和爲了炫耀大公司之名而超需要地僱傭工人，造成工資成本大幅度上升，使公司開支劇增，加上汽車銷路大跌，公司財務連年虧損。公司再也沒有力量將陳舊而單一的生產線改造更新了。由於無法弄到再投資貸款，菲亞特公司不得不向利比亞政府求援。爲了換取 4 億美元的投資，公司被迫將 33%的股票賣給利比亞阿拉伯對外銀行。在這樣的困境中，邊菲亞特集團的大亨們都產生了丟掉汽車公司這個包袱的想法。

在這種四面楚歌之時，深受菲亞特集團老闆艾格尤尼家族青睞的吉德拉於 1979 年應召出山。

時年 47 歲的維托雷・吉德拉畢業於義大利都靈工業大學工程系，50 年代末曾在菲亞特集團工作過，60 年代起在瑞典滾珠軸承廠工作，並由於出色的成績而被任命爲該廠負責人。他一向平易近人，不重禮儀，有著義大利西北部皮埃蒙特人腳踏實地、吃苦耐勞的品格。儘管有些人認爲吉德拉不是家庭成員，經驗也不足，難以承擔挽救公司的重任。但是，菲亞特集團的老闆非常看重他的才華，力排眾議邀他到公司任職。同時，果斷地把菲亞特汽車公司從菲亞特集團中分離出來，並正式任命吉德拉爲菲亞特汽車公司總經理，全權負責汽車公司的經營活動。

吉德拉到任後，果然不負所望，在老闆的支持下，「燒了五

把火」，進行了一系列大刀闊斧的改革。

第一把火，是他果斷砍掉了虧損的海外機構，關閉了設在國內的 7 個效益欠佳的工廠，大量裁減冗員，使職工總數從 15 萬降到 10 萬人。此舉使菲亞特公司卸下了沉重的包袱，大大減少了財政支出，增加了效益。

第二把火，是他爲了提高生產效率，投資 50 萬美元改造生產線。這些措施是在公司仍然虧損和菲亞特集團無力投資的情況下施行的，吉德拉表現出了驚人氣魄。此舉使數以方計的精密機器投入了公司的生產和管理行列，使汽車生產由機械化轉入自動化，生產效率大幅提高，工資成本支出大大減少。

第三把火，吉德拉大量採用先進技術，利用電腦和機器人來設計和製造汽車，大大提高了汽車的品質，加速了產品的更新換代，爲菲亞特汽車擴大市場佔有率創造了有利條件。

第四把火，是他建立了一套嚴格而完整的財務制度和預算制度，使汽車銷售由過去的代銷制改爲經銷制，公司財務狀況得到很大改善，經銷者的效率提高了。汽車銷量大增。

第五把火，是他改革了汽車零件的供應體系。過去是菲亞特汽車公司先向零件供應商訂貨，並交預付款。吉德拉上任後改爲與供應商一手交錢，一手交貨，這就大大減少了資金佔壓，並促使供應商提高零件品質。

由於吉德拉採取了一系列擺脫危機的措施，使菲亞特公司很快走出了困境。公司人均年產汽車從 1979 年不足 15 輛上升到近 30 輛；一度高達 20%的曠工率降到 5%以下；2/3 的生產領域由機器人操作。1983 年，公司有了 5000 萬美元的盈餘，1984

年盈餘約爲 2 億美元。汽車公司的穩定發展，也推動了菲亞特集團的發展。該集團在汽車公司的幫助下。1983 年盈餘爲 15000萬美元，從而提高了紅利，吸收了 3500 萬美元的股票。現在菲亞特汽車公司生產的汽車在義大利的市場佔有率達 50%以上，在歐洲市場上佔 6%以上，1984 年，菲亞特公司的汽車銷售量躍居歐洲首位。菲亞特公司的再度崛起，吉德拉立下了汗馬功勞。

菲亞特汽車公司在吉德拉的領導下擺脫了困境，使公司起死回生。實際上，不僅菲亞特汽車公司，許多企業在陷入困境時，都靠更換企業領導人擺脫了困境。但是，企業領導人，特別是企業最高領導人的更換必須慎重。有些企業在更換了領導人之後，企業並沒有起死回生，反而使危機加重，困此，企業在決定更換領導人時，一定要認真挑選。能夠擔當使企業起死回生的重任的企業最高領導人，應該具備如下品質：。

1.善於變革

臨危受命的企業領導人必須具有較強的變革精神和能力，或者說，他應該是一位具有新觀念、新思維的改革領袖，這樣的人才可能抓住企業的問題實質，才可能有勇氣、有魄力大刀闊斧地改革。

2.善於處理危機

對企業處於繁榮時期的企業領導人與要使企業擺脫困境的企業領導人的要求是不同的，對於後者，特別要求其具有臨危不亂、處理危機遊刃有餘的能力。也許善於處理危機的人並不十分適合在企業處於繁榮時期擔任企業領導人，但是在企業處於困境時，必須要選拔、任用善於處理危機的人。

3. 具有較高的威望

在危機時期，採取的許多措施可能要損及企業員工和原來的管理人員的利益，而只有各項措施得到執行後才能產生效果，因此臨危受命的領導人應該具有較高的威望，否則就會因下屬的反對而無法貫徹有效的整改措施。這種威望一般來自於三個方面，一是其本身過去的業績產生的威望，二是由企業老闆樹立起的威望，三是被任命者上任後所建立的自己的威望。在危機時期，沒有權威，將一事無成。

4. 身體力行

英國麥卡蘭-格林利伍德公司評價新任領導時說：「他從不閑著。」的確，一個企業領導人制定了措施，必須自己積極採取行動去督促執行。無論是吉德拉，還是亞科卡，在身體力行方面都是典範。如果沒有他們的身體力行，他們就不可能使公司起死回生。

5. 行動果敢

臨危受命的企業領導人必須具有行動果斷的特點。雷厲風行，「前怕狼，後怕虎」的人是絕不可能使企業擺脫困境的。行動果敢既是使企業迅速轉變逆境的需要，也是樹立領導者自身威望的手段，領導人威望提高了，也就更容易推行各項行之有效的政策。

6. 精神領袖

儘管在企業遭遇困境時，可以通過改善員工福利來激勵員工，但這方面的努力是有限的，因為已陷入困境的企業無此能力。那麼，靠什麼來贏得企業廣泛員工的支援，贏得員工對企

業的忠誠，共同為企業擺脫困境而努力呢？創造積極的企業文化，引入新人價值觀念有著不可替代的作用，這裏企業領導人本身就應該是精神領袖。企業領導人在創造企業文化方面的作用是任何人都不可能替代的，企業領導人應該成為企業文化的宣導者和這種文化的象徵。

陷入困境的企業如果能夠找到具備上述品質的企業領導人，企業就可以迅速擺脫困境。

這裏我們沒有更多地論及企業高級和中級管理人員的更換對企業克服危機的作用，因為企業最高領導人的更換是企業擺脫困境的關鍵。如果企業最高領導人庸碌、保守，無論高、中級管理人員怎樣更換，也不會有多大的效用。而企業最高領導人更換的同時也就意味著整個管理階層的變動，因為新任領導人勢必會選擇他所信任的、有能力的、能成為其得力助手的管理人員，組成優秀的管理、班子，從而使企業擺脫危機。

還要指出，儘管很多國外企業在企業處於困境時都要更換企業最高領導人，但也有很多企業並不是這樣。企業陷入困境的原因很多，在有些情況下，留任原企業領導人仍是可以的。但是，企業領導人必須改變思維模式，引入新的價值觀念，採取切實有效的措施來使企業擺脫困境。同時，雖然沒有撤換企業最高領導人，但是企業的管理階層還應有所變動，要撤換掉那些碌碌無為的管理人員，讓那些能應對企業內外部環境變化的優秀管理人員擔當要職。英國麥卡蘭公司就曾通過撤換企業行銷經理，而使企業產品銷售額連年遞增，增長率每年平均達30%，最終使公司最薄弱的行銷環節得以迅速發展，也使企業最

終擺脫了困境。

　　總之，管理層的變動，是企業改善管理，最終擺脫困境所必須採取的措施。

第二節　提高產品品質

　　許多企業因為產品品質低劣而出現產品滯銷，使企業陷入困境；有些企業雖然產品品質較高，但是因為競爭對手產品品質提高了，或者消費者的要求提高了，產品也會出現滯銷。提高產品品質是企業擺脫困境的重要手段之一，因產品品質問題而出現危機的企業必須要依靠提高產品品質來擺脫困境。

　　總部設在德國巴伐利亞的阿迪達斯公司是世界上是最大體育用品廠商之一，擁有 4 萬多名職工，每年銷售額超過 20 億馬克。它聞名於世的一個重要原因就是它非常重視產品的品質。但在阿迪達斯公司的歷史上，也曾有過一段因產品品質問題而陷入困境的坎坷經歷。

　　1948 年，第 14 屆奧運會在英國倫敦舉行。在 7 月 29 日的馬拉松決賽中，比利時選手阿爾貝·斯巴克一路遙遙領先。不料跑到一半時，他腳上穿的阿迪達斯運動鞋斷裂了，而且裂縫不斷擴大，眼巴巴地看著金牌落入他人之手。這一消息像長了翅膀一樣傳遍世界，使阿迪達斯公司信譽掃地。人們對阿迪達斯公司的產品品質產生懷疑，公司業務一落千丈。阿迪達斯公

司面臨著一場有史以來最為嚴峻的考驗。

　　阿迪達斯公司決心盡一切力量挽回影響，對流落到世界各地的跑鞋，一律按原價收回，並向經銷商賠償了由此帶來的損失。同時，公司決心狠抓產品品質，經過精心的策劃阿迪達斯公司引進當時一種新興的品質管制理論——全面品質管制(Total Quality Control)，並在實踐中形成了一整套獨特的、近乎苛刻的品質管制體系。

1.生產前的品質管制

　　首先，公司在產品生產之前，先根據顧客的要求以及公司的經費，對產品的品質目標作出明確的規定。公司品質管制部門與其他有關部門合作，負責對品質目標進行搜集、篩選和確定，然後將確定的品質目標分發給公司所有與生產有關的部門。

　　其次，生產部門在研究部門的配合下，通過對設計品質進行試驗性調查，找出設計中存在的問題，並對其內容進行修正和補充，確定技術參數。

　　最後，公司按技術參數在生產部門進行小批量的試製。它是成批生產的前提。公司嚴格地按照成批生產的條件並運用全部生產手段進行試製，把品質風險限制在最小的範圍內。

2.生產階段的品質管制

　　阿迪達斯公司有句名言:「品質必須是生產出來的，而不是檢驗出來的。」

　　公司對每一件產品、每一道工序，都堅持 5W 的嚴格把關，即那些事情(What)、什麼地點(Where)、什麼時間(When)、什麼人(Who)、為什麼做(Why)、如何做、做得如何(How)，將產品品

質責任直接落實到個人。

　　阿迪達斯公司還專門僱傭了近 2000 名品質檢驗人員,監督生產線上的品質問題。公司品質監察員定時檢驗產品的生產線,把不合格的產品送回重新生產,並把所有發現的錯誤列成統計圖表,以瞭解產品品質狀態。如果錯誤過多,監察員就把這種情況報告督導。督導有權力立即停止生產,直到找出癥結,加以修正後方可恢復生產。品質監察員隨時瞭解生產線上的品質狀況,並向督導作詳細的彙報,督導則必須承擔維持產品品質和產量的雙重任務。

　　品質管制人員檢驗過的產品,由品檢人員再次做徹底的檢查。只有這樣,公司才有一個比較客觀的品質評價體系。品檢部門負責人佈雷斯直言不諱地說,他必須找出每一件產品存在的缺陷,才算盡到職責。一般說來,宣傳自己產品的缺點並無好處,但是品檢人員所做的正是這種工作。

　　品檢部門遵循「無次品管理」原則,假定每一件產品品質的基分都是 100 分,但只要發現產品中有一個嚴重的錯誤,那麼這 100 分就要扣除。公司規定,如果產品品質問題嚴重到顧客不願繼續使用,或者產品使用壽命縮短,都要扣 100 分。即使是發生一些容易修正的缺點,也要扣基分 1～10 分。品檢部門最後總評的基分,是公司對生產部門進行獎懲的重要依據。

　　品檢人員在做了各種檢驗後,詳細地記載了產品的錯誤項目,並及時提出改進意見,使產品的品質標準不斷提高。檢驗完畢後,則將這些產品送回重新包裝,並附上他們的評分表。每星期五,品檢部門根據檢驗結果,擬定兩份報告,把所有有

缺點的產品列成圖表，一份報告送交生產部門的主管，另一份則直接轉送公司總裁。總裁將命令生產部門的負責人詳細解釋這份報告，並督促處理存在的問題。此外，每月一次的公司董事會還安排了專門時間，對公司產品品質問題進行研討，並制定出新的對策。

3.銷售階段的品質管制

阿迪達斯公司將產品品質負責到底，爲顧客提供優質、全面的售後服務工作。

公司在各經銷商店都設有專門的維修部，爲顧客提供終身免費修理服務。公司還在每家出售阿迪達斯產品的商店放有許多小冊子，詳細地告訴顧客，如果對所購買的產品有不滿意的地方，應該如何處理。小冊子指導顧客，當發現產品有品質問題時，可以採取以下兩種處理方式：第一種方式是將產品送回商店，直接找售貨員進行退換，大約有 95%的顧客採用這種方式；第二種方式是將產品直接寄往公司，並附上自己的意見。通常，公司會很快給予答復，顧客會收到由公司寄來的一封信，信內附有一張全額或部分賠償金額支票。小冊子還進一步提醒顧客，假若對以上兩種方式的結果均不滿意，可以將產品送到消費者協會去接受測試，或訴諸於法律。

由於阿迪達斯公司吸取教訓，狠抓產品品質，不僅很快擺脫了奧運會的陰影，而且在公衆心目中重新樹立起良好的形象。從此，阿迪達斯產品因其優良的品質而暢銷世界，成爲許多經銷商的免檢產品。

第三節　減少冗員

　　許多企業陷入困境，是因為機構臃腫，冗員過多，因此精兵簡政就成為這些企業擺脫困境必須採取的措施。即使企業過去不存在機構臃腫、冗員成堆的問題，在企業陷入困境後，也往往需要採取精兵簡政措施，以削減開支，降低成本。

　　1981 年，哈唯•鐘斯出任英國帝國化學工業公司的總經理。帝國化學工業公司是世界第五大化學工業公司，但此前其經營一直在走下坡路。哈唯•鐘斯要想使這樣一個「大廈將傾」的公司走出困境實在是任務艱巨。他在就職演說中，立下了軍令狀：如果不使公司振興，他將引咎辭職。但是，最終他並沒有引咎辭職，因為在他的領導下，公司扭轉了走下坡路的局面，取得了長足的發展。哈威•鐘斯並沒有什麼秘密武器，要說有，就是他果斷地採取精兵簡政的措施。

　　哈威•鐘斯上任後，首先從董事會開刀，把董事會的成員由 14 人銳減 8 人，原來那種議而不決、辦事拖拉的局面隨之得到改變，過去帝國化學工業公司的董事每人負責一個部門和一項中心工作以及海外某個區域的工作，每年兩次到設在米爾貝克的總部彙報工作，每人攜帶的報告多達幾十頁，根本不可能就每個問題進行認真的討論。由於機構臃腫，官僚主義盛行，公司效率很低。哈威•鐘斯的這一舉措使董事會變得幹練多

了。哈威·鐘斯指定董事會的兩位委員負責公司的所有部門，三位委員負責公司財政中心計劃及科研技術工作，還有兩位負責海外業務。這樣分工就十分明確了，每個董事都必須認認真真地考慮如何發展自己的工作。他要求董事會每月都要研究制定公司的總體戰略，而董事們必須認真瞭解、檢查公司的經營狀況，對公司的現狀和未來瞭若指掌。這樣也就使公司董事會真正成為促進公司發展的力量。

哈威·鐘斯年過花甲而出任帝國化學工業公司總經理，通過採取精兵簡政的措施，使公司得以振興，為他的企業家生涯畫上了一個圓滿的句號。

英國勞·隆拉公司 20 世紀 70 年代中期以後一直處於穩步發展之中，並開始兼併其他企業，公司的規模不斷擴大，以至於在 1980 年英國發生危機之後，公司遇到了嚴重的困難。為了渡過難關，公司採取了精兵簡政的措施，對於虧損部門採取了出售、關閉或縮減的政策，減輕了公司的包袱。公司還對總部進行了大規模的人員精簡。通過這兩項措施以及其他一些措施，公司擺脫了困境。

實際上，大多數企業在陷入困境時都必須甩掉壓在身上的沉重包袱，大大減少公司在人員等各方面的開支，以使企業組織機構更為協調、管理隊伍更加精幹，也為企業調整投資方向和生產結構提供了可能。精兵簡政同時也為公司各部門提高工作效率提供了壓力機制。

在採取精兵簡政的措施之前，企業要認真地研究，以確定精簡對象和新的管理結構以及新的投資與生產結構。但企業此

項工作一完成，就必須立即行動。或許，實行精兵簡政最需要的，是企業最高領導人的勇氣。只有企業最高領導人下定決心，企業才會有重新崛起的希望。

第四節　加強財務控制

　　企業通過健全財務制度，加強財務控制，可以迅速增加企業的收入，可以減少開支和浪費，可以及時獲得第一手信息，爲企業決策提供可靠的依據；也爲企業及時發現問題提供了基礎，從而有利於企業及時採取相應的對策。因此，企業在陷入困境時應該將健全財務制度、加強財務控制作爲一項重要的擺脫困境的手段。

　　資金是企業正常運行的主要因素，良好的財務管理是企業成功的必要條件之一。

　　失敗的管理者最明顯的失誤往往表現在對企業財務控制不力上。當一個企業缺乏對現金流量的控制、沒有完善的成本核算和會計信息系統時，往往會陷入企業財務控制不力的狀況。財權控制上的失誤又將導致企業在投資方向、遭受損失的原因及應該採取的對策等問題上處於混沌不清的狀態，這是企業陷入困境的一個最常見的原因。

　　當企業因財務管理鬆弛而陷入經營危機時，必須採取種種約束措施，例如加強現金流量管理和預算控制，提高財務信息

品質，加強間接費用控制，建立一種現代化的財務制度，使企業脫離困境。當然，不是所有企業陷入困境都是因為財務管理混亂，但為了減少開支，降低成本，加快資金週轉，更有效地使用資金，也應該健全財務制度，這是使企業擺脫困境的一劑良方。

米力波爾公司是美國高科技產業中一家頂尖的公司，專門從事物質分離業務。從開始創業的 1960 年到 1979 年這短短的 20 年間，公司取得卓越的業績，銷售額從不到 100 萬美元增加到 1.95 億美元，盈利從不到 10 萬美元增加到 1960 萬美元。

可在 1980 年，米力波爾公司的盈利開始下降，隨後兩年又出現了嚴重的虧損，公司處於一片混亂之中。米力波爾公司遭遇到的挫折有部分原因是由於它的主導市場變得嚴重低迷，但是內部因素才是真正的禍根。由於公司成功得太容易，子公司增加過快，董事會高估了自己的能力。他們一心追求業績，卻忽略了財務制度的完善，使公司無法掌握資金的流動。

總之，財務管理制度的不健全、財務管理的混亂，是公司衰退的根本原因，它直接導致了米力波爾公司經營狀況的惡化。為扭轉這種局面，公司領導層採取了一系列措施來加強對公司的財務控制：

在總公司和子公司都引入電腦財會信息管理系統，實行聯網操作，以便更迅速地得到各子公司的財務信息，也便於總公司對各子公司的財會控制。

實行嚴格的現金管理制度。公司定期編制嚴格的現金收支預算。目的在於利用盡可能少的資金，產生出最大限度的效益。

總公司給各子公司都分配一定的現金額度，並要求各子公司每天上午 9:30 將其全天現金需要量上報，以便嚴格控制當天現金流量。除此之外，總公司還嚴格按照現金需要量對各子公司撥款，以加快現金流轉速度。

　　公司制定了全面系統的比率考核指標，作爲檢驗各子公司財務狀況的標準。這些比率考核指標主要包括變現能力比率、債務與產權比率、資源運用效率比率、流動資金收轉率、現金流轉速率、財務收益率、資本利潤率等。每年年終，總公司根據各子公司的指標完成情況給予不同的獎勵或懲罰。

　　公司董事會委派一名董事專門負責財務管理事務，並完善了財務機構的建制，撤換了公司財務經理，賦予財務部門更大的自主權。

　　董事會定期召開會議，審核各子公司提供的財務資料，包括一份與預算值對比的盈利或虧損狀況的報告，以及原材料採購、間接費用、銷售額、直接勞力成本、毛利潤等有關情況和資金平衡表，還包括對未來三個月的財務情況預測及主要財務比率的計算值。

　　米力波爾公司加強財務管理後，很快扭轉了公司盈利下降、虧損持續增加的局面。從 1983 年起，公司盈利開始回升，到 1984 年，米力波爾公司創造出了破紀錄性的成績——盈利比上年上升了 48%，銷售額比上年上升了 24%，並從此步入一條健康發展的軌道。

　　英國的羅塔弗來克斯公司、鄉村資產公司都通過健全財務的辦法使企業度過了難關。蜜雪兒·懷特在任羅塔弗來克斯公

司總裁後採取的一項主要措施就是引入財務管理信息系統，從而更迅速地獲得各子公司的財務報告，在此基礎上進行謀劃，促進了公司管理水準的提高。鄉村資產公司本來已有一個財務報告和控制系統，但在公司遭遇危機時，這套系統顯得很不適用，於是公司對這套系統進行了更新，從而使得公司總部可以及時瞭解公司各方面的財務狀況，爲加強財務監督和控制起了良好的作用，幫助公司擺脫了危機。

第五節　努力降低成本

　　成本是爲了生產和銷售一定種類一定數量的產品所支出的費用總額，包括原材料費用、燃料和電力費用、折舊費、工資等。企業管理水準的高低、生產設備的利用效率、生產率的高低、原材料的節約或浪費等等，都反映在產品成本的高低上。

　　降低成本在使企業擺脫危機中具有重要的作用，加強企業成本控制，是企業在陷入困境時必須採取的一條對策。

　　卡洛·德爾貝代蒂是義大利最優秀的企業家。在義大利戰後動盪不安的商業與政治形勢下，德爾貝代蒂成功地挽救了奧利凡蒂公司，他也因此而出人頭地。

　　奧利凡蒂公司多年從事辦公用機器的生產，戰前「奧利凡蒂」牌打字機曾稱霸歐洲市場，暢銷世界各國。但戰後的奧利凡蒂公司卻顯現出衰退跡象。屋破偏逢連陰雨，20 世紀 70 年

代美國國際商用機器公司生產的電動打字機開始席捲歐洲市場。奧利凡蒂公司由於經營不善、人浮於事、成本過高,處於極度困境之中;營業額巨大卻沒有利潤,債務高達 8.5 億美元,僅僅支付利息及提取償債基金就要花去營業額的 30%,而自有資本與債務相比,只是一個可笑的小數目——6000 萬美元。

就在奧利凡蒂公司行將倒閉之際,38 歲的德爾貝代蒂受命擔任總經理。德爾貝代蒂是一位年輕而有抱負的企業家,他立志恢復奧利凡蒂公司的名聲,並在歐洲市場上奪回領先地位。他對公司的「病情」作了一番詳細的調查:1977 年,公司人均年產值約為 25000 美元,而我們最強大的競爭對手人均產值則是 40000~55000 美元,更不用說與國際商用機器公司相比了。在這種情況下,該怎麼辦?很簡單,降低生產成本和提高生產率,診斷出病因後,德爾貝代蒂採取了一系列措施來降低公司的生產成本。

他採取的第一個有力的措施,就是針對公司人浮於事的狀況,大量裁減冗員。這也是許多陷入困境的企業常採用的一種降低成本的方法。德爾貝代蒂在第一年就全面縮減了約 6000 名員工,以後又達到 22000 人。

在三年多的時間裏,德爾貝代蒂通過削減成本,提高生產率,很快把奧利凡蒂公司從死亡的邊緣挽救了回來。奧利凡蒂公司迅速扭虧為盈,年營業額從 10 億美元上升到 20 多億美元,在西歐的辦公設備自動化生產廠商中首屈一指,成為歐洲最大的數據處理設備的生產廠家,並在世界電子打字機行業中雄居榜首。

第六節　見風使舵

當您意識到企業已經沒有希望時，可以考慮在適當的時候關閉公司，讓公司「安樂死」，也是經營者的責任。雖說世上沒有後悔藥，但還是有許多人後悔。當時沒有另覓出路。

「企業死亡」或許就是經營者幸福的開始。與整日為籌款而奔波的日子告別，不失為一個聰明的選擇。親自為傾注了大量心血的事業打上句號，確實需要很大的勇氣，當此之時，您必須堅決果斷，猶豫彷徨將使您坐失良機。

當企業處於倒閉境地時，經營者的人生將發生很大變化，倒閉後走什麼樣的道路，將取決於他的人生觀和性格。

在煤炭產業十分興旺的時期，H 公司專門為相關企業提供機電材料。後來，隨著煤炭行業的衰敗，公司的銷售情況江河日下，有時連銷售款都收不回來。H 經理判斷將來恐怕再無好轉的希望，於是決心轉產。他毅然放棄了原有的技術優勢和客戶，準備向極有潛力的電子電腦行業發展。他的大兒子在一家電腦公司搞軟體發展。他召回大兒子，開始做轉產的準備。隨後又把公司大權交給了兒子。

事實證明，經理的判斷是正確的，H 公司又恢復了往日的繁榮。經理的兒子也很好地繼承了他的意志。這是一個順利交接班的例子。

　　轉產並非想像得那麼簡單，也有許多不成功的例子。轉產首先會遭到來自公司內部的反對。經理必須具備堅強的意志和權威感，要說服大家，讓大家理解轉產的必要性。

　　H 經理召集僱員進行協商時，也遭到了大家的反對。但他通過深刻分析社會的發展形勢和本公司的經營狀況，統一了全體員工，結果，大家團結一致，渡過了轉產的難關。

　　轉產失敗的最大原因，是留戀老本行，動作遲緩。因此，轉產時必須充滿自信，一氣呵成。否則，就不可能成功。

　　最重要的是要趁公司尚有餘力時開始轉產。

　　有的行業會因爲時代的衝擊而衰落，有的公司會因爲行情下跌而衰敗。貴公司情況怎樣呢？要經常觀察行情的變化，具備遠見卓識，才能領導好公司。

第 *13* 章

危機公關案例分析

◎案例1 肯德基「蘇丹紅」事件的危機公關

　　2005 年 3 月 15 日，肯德基熱銷食品「新奧爾良雞翅」和「新奧爾良雞腿堡」調料中被發現含有可能致癌的「蘇丹紅一號」成分。顯然，對於這家連鎖速食巨頭來說，在作爲其拳頭產品的雞肉類食品上出現這樣的品質事件，無疑是致命的打擊。

　　信息時代，資訊的傳播速度驚人。「肯德基涉紅」一時間成爲爆炸性新聞，各大媒體紛紛談「紅」色變，一陣「蘇丹紅風暴」席捲中國。

　　肯德基對於突然遭遇的危機事件，態度還是非常坦然的。在 2005 年 3 月 16 日上午，百勝集團上海總部通知全國各肯德基分部，「從 16 日開始，立即在全國所有肯德基餐廳停止售賣新奧爾良雞翅和新奧爾良雞腿堡兩種產品，同時銷毀所有剩餘的調料」。

　　兩天后，北京市食品安全辦緊急宣佈，該市有關部門在肯德基的原料辣醃泡粉中檢出可能致癌的「蘇丹紅一號」。這一原料主要用在「香辣雞腿堡」、「辣雞翅」和「勁爆雞米花」三種產品中。

　　在此期間，還發生了幾起消費者持發票向肯德基索賠時遭遇刁難的事件。對於出現的這種情況，肯德基的解釋是，這是他們自查的結果。

　　到了3月18日，北京有關部門抽查到了這批問題調料。3月19日向媒體公佈，責令停售。

　　然而，肯德基並沒有聽之任之，而是自爆家醜，誠信以對。「蘇丹紅危機事件」中的肯德基就十分聰明，肯德基做出了一個令所有人震驚的舉動，即主動向媒體發表聲明:「……但是十分遺憾，昨天在肯德基新奧爾良烤翅和新奧爾良雞腿堡調料中還是發現了蘇丹紅一號成分」。肯德基的這份聲明主動、誠懇，表現出對消費者的健康極為重視的態度，迅速在各大報紙頭版頭條中甚至社論上出現。

　　肯德基在處理「蘇丹紅一號」引發的食品召回危機事件堪稱是成功危機公關的經典。綜合各方的點評，我們可以將其歸納為以下幾個方面：積極配合，信息翔實，消除誤解，反應迅速，以快打慢，態度坦誠，程序控制，有理有節。究其原因，我們不難發現，肯德基多年來一直重視企業形象管理，對消費者關注的食品健康問題從不迴避，並從消費者的角度宣傳營養健康知識，提倡健康的飲食消費理念。

　　百勝餐飲集團發佈的《中國肯德基健康食品政策白皮書》

更是將其「爲中國人打造一個合乎中國人需求的品牌」這一戰略思想和「立足中國，融入生活」的經營信念闡述得淋漓盡致。

肯德基「蘇丹紅一號」危機事件的處理方式給我們的啓示是：

1.主動承擔責任，體現出了一個跨國企業高度的社會責任感和誠信操守。

2.堅持一切投訴通過法律途徑來解決，在法律問題上，不作任何逃避。

3.提出構建整個社會誠信體系的重要性，而這一點也是建立「和諧社會」的良好基礎。

企業公信力的培養是一個不斷積累、循序漸進的過程，並不是一朝一夕或是一兩件有影響力的事件就能夠建立起來的。

管理者急功近利帶來的只會是「一時之快」，對於企業品牌的建設、「公信力」的建立都存在很大的弊端，是不值得提倡的。企業只有穩紮穩打，一步一個腳印，才能建立和培養出公眾廣泛認同的「公信力」。要知道，企業的「公信力」是公眾給予的，而不是企業管理者自吹自擂，給自己扣個高帽子就可以輕易獲得的。所以，企業管理者必須接受社會公眾的考驗，贏取普遍認同的良好口碑，奠定堅實的「公信力」基礎。

危機事件是危險與機會的統一體。在企業陷入危機事件的同時，也蘊涵了機會。危機管理的要點就在於把風險轉化爲機會，企業可以通過有效的危機處理，利用危機事件帶來的反彈機會，使企業在危機事件過後樹立起更優秀的形象，喚起消費者更大的關注。越是在危機的關鍵時刻，就越能彰顯一個優秀

企業的整體素質和綜合實力。

　　一個負責任的企業管理者必須具備良好的生存心態，不能因為發生危機事件就退縮，不能因為危機事件就倒下，這也是企業成熟的表現。企業管理者無論犯錯與否，都需要有一個正確的生存心態，增加透明度，向公眾做坦誠的解釋，人們會對敢於認錯、知錯就改、勇於負責的行為叫好，卻無法原諒遮遮掩掩和躲避事實的行為。

　　在這次被披露出的「涉紅」跨國企業及眾多國內企業中，真正自曝家醜並公開致歉的只有肯德基一家。肯德基的自曝家醜體現出了一個跨國企業高度的社會責任感和誠信操守。

　　企業是否能夠自覺地對消費者負責，取決於其對自身品牌價值的重視程度。世界 500 強企業在建設自身品牌過程中投入了巨額資本，培育起廣大消費者的信任和忠誠度是來之不易的，他們清楚地知道品牌聲譽的好壞決定了企業未來發展命運，絕不會有意採取短期行為來獲取利益。所以一旦出問題，他們會毫不遲疑地以犧牲短期利潤來維護自身品牌的長期利益。

　　然而，現階段的食品工業領域裏，許多經營者還處於資本累積階段，沒有自己的品牌或不重視企業的品牌建設。再加上週圍市場信用環境非常差，對消費者負責任的意識也就淡薄。

　　肯德基敢於自曝家醜，實質就是敢於承擔責任、對消費者負責、對社會負責、對企業品牌負責，這樣的行為無疑將得到社會和消費者更高的信任度。而刻意隱瞞、躲避責任的企業，也許會有一時的利益，但終究會被社會和消費者所唾棄。

目前，我們仍然看到，肯德基餐廳裏人流不斷，各種各樣的產品仍舊受到眾多消費者垂青。那麼，是什麼力量讓人們在談「紅」色變的短短時間後，又絡繹不絕地重返肯德基餐廳呢？原因只有一個，即該企業在消費者面前彰顯其誠信力的正面影響。

當有媒體提出「這次事件是否是肯德基遭遇的最大信任危機」時，肯德基公關部總監認為，「這對肯德基來講當然是一個挑戰。但是，最關鍵的還是我們能夠說到做到。不管別人說什麼，我們用自己的行動做到對消費者負責。」「自己說出問題，有多少企業能夠做到？我相信，消費者最後會看到，肯德基對消費者是負責的。」

同時，肯德基的這次「拯救」計劃也還不夠完美。有專家認為，缺少國內權威的幫助正是肯德基化解危機不夠完全到位的地方，因為中國的消費者顯然更需要來自國內權威部門的聲音。另外，肯德基與媒體和消費者的溝通仍然不算暢通，雖然它承認事實並適時發佈消息，但仍有記者和索賠的消費者不能及時從肯德基獲得所需要的信息。雖然肯德基成功地把媒體的目光引向了「蘇丹紅」的來源，但這也正體現出它對輔料供應商的管理不善。

◎案例 2　三鹿奶粉「三聚氰胺」的危機公關

當臨床醫生經過流行病排查患病嬰兒，懷疑是三鹿奶粉的問題時，三鹿沒有反應。當媒體上報出是「某品牌」奶粉導致嬰兒腎結石，而「某品牌」就是暗指三鹿奶粉的時候，三鹿還是沒有反應。當三鹿奶粉自檢發現 2008 年 8 月 6 日前出廠的部份批次三鹿嬰幼兒奶粉受到三聚氰胺的污染時，三鹿公司終於有了反應，決定召回產品。然而，爲時已晚，人們對三鹿公司的信任值已經一路狂跌。

其實，三鹿如果早作反應，儘快地展示自己負責任的企業形象，也許這次危機的影響程度會減小很多。

在事情剛發生時，在各個報導中紛紛懷疑是「某國產品牌奶粉」的問題。而當時，網上已經有消息暗示「某品牌」可能是三鹿。這時的三鹿就應該行動起來，不管人們的懷疑是真是假，遵循「假使有錯推定，消費者利益至上」原則，在第一時間停售人們懷疑的問題產品，進行品質檢測。不管最終產品有無問題，此舉都會給企業贏得負責任的形象。產品沒問題，人們更加喜歡你；產品有問題，你的積極的、負責任的行爲，也會讓消費者原諒你。

然而，三鹿卻一拖再拖。正是對「某品牌」階段的後知後覺害了三鹿，造成了如今巨大的災難。

其實乳業大好局面來之不易。回顧之前匯源果汁、中華牙

膏等紛紛被洋品牌收購，諸多行業的本土品牌都不同程度地受到國際品牌的強烈衝擊，而中國乳業在大局勢上則仍保持著本土品牌牢牢掌權的局面。

曾幾何時，在其他行業外資品牌瘋狂蠶食中國市場之時，本土奶業品牌一度成為民族品牌的驕傲，拒帕馬拉特、達能這樣的外資品牌於門外。

危機公關本身就是一把雙刃劍，用的好可以博來壯士斷腕的豪情，反之則會使企業陷入雪上加霜的困境。尤其在如今這個 Internet 發達、互動性雙向傳播逐漸取代單向線性傳播的時代，傳統的危機公關開發佈會、澄清事實、公開舉措的三段式做法正面臨著越來越艱巨的挑戰。

以往而言，危機公關的成功與否主要依靠於時效性、主動性、延續性三個指標。而在互動行銷時代下，危機公關成功與否的關鍵因素必須要進化成敏銳性、互動性、跟蹤性三個全新指標。

一、從時效性到敏銳性

在 Internet 尚未普及的時代，事件從發生再到經由媒體放大到全國範圍並產生影響需要相對較長的時間，更多的是依靠口口相傳的方式，因此危機公關的時效性要求比報紙快、比電視快，要將問題扼殺在萌芽之中。

而這次始於三鹿的三聚氰胺事件，短短一週，只是 GOOGLE 關於三聚氰胺奶粉的報導的搜索結果已經達到驚人的兩千餘萬

條。在天涯、貓撲等論壇關於三聚氰胺奶粉的篇章更是不計其數。

在 WEB2.0 時代,再快速的危機公關的時效性在網路那恐怖的病毒式傳播的速度下都如同蝸牛一般緩慢。在 WEB2.0 時代,我們危機公關的操作觀念也必須與時俱進。必須從事發後時效性的補救轉變成為事發前敏銳性的防範。

其實在 2008 年 6 月 28 日,天涯社區就已經曝出第一篇關於奶粉致嬰兒腎結石的帖子,並在隨後的 7 月又有部份帖子相繼貼出。如果企業當時就敏銳洞察到這些市場異象並開展動作,其市場與品牌的損失應當比如今小很多。

現在已經進入了互動的時代,企業家如果還老坐在電話前,等著消費者來信來電投訴你,那你等來的就是品牌的完蛋。網路是個一觸即發的媒介,一經點燃必然就是燎原之火,你必須夠快夠狠地把火苗扼殺掉,甚至在聞到丁點火星味時,就拿著滅火器時刻準備著。

網路不受任何人的控制,目前它還是一個公共平臺,而且門檻極低,任何人都可以發表自己的看法,隨時都可能有上萬上億的人擁護你的看法,一旦失控,想要拿回主權就會異常艱難。對於企業來說,必須成立專門的口碑管理部門,時刻關注著自己的品牌在網路上的影響。

畢竟,對於任何企業來說,你可以不做廣告,但你不能不要你的口碑。

二、從主動性到互動性

同樣，在 Internet 尚未普及的時代，信息的傳播是單向的，以發佈會澄清事實的方式可以由上而下地正本清源，受眾只是聆聽並接受。而在 WEB2.0 時代，信息的交流是立體的，消費者可以通過搜索引擎搜索，也可以在 BBS 上討論，企業已經不再擁有當初獨大的信息話語權。

比如本次事件初始時期，「某品牌」立刻主動召開新聞發佈會，並將三聚氰胺事件責任歸咎於不法奶農。事實顯示這只是一廂情願的聲明，因為網路調查顯示七成網友認為企業該負主要責任，而企業的新聞通稿則成為大眾口誅筆伐的對象。原本旨在公佈事實的發佈會在老百姓心中卻成了企業推諉責任的表現。

在 WEB2.0 時代，交流權從未如此平等與順暢，無處不在的信息交流途徑使消費者在權威的危機公關新聞發佈會舉行之前已經通過各種途徑初步瞭解事情的前因後果，並且對事件本身有了自己的看法。更別指望通過發佈會忽悠大眾，人肉搜索的恐怖力量已經被多次驗證。

在 WEB2.0 時代，傳統危機公關中的單方面的主動性必須進化為雙方面的互動性，在充分瞭解並尊重大眾已有認知基礎上才能讓發佈會產生應有的效用，否則極有可能適得其反。

電視、雜誌等傳統媒體在今天的危機公關中，仍舊扮演了相當重要的角色，尤其是廣大的中小企業，面對二、三線城市

的人群時，CCTV 依然展示著公正和嚴肅。

但在今天快速變化的時局下，企業應該打破舊有的格局和思維，用盡一切可以幫助企業的方法，充實和完善公關的方案，將每一種可以和消費者直接接觸的媒介都用到淋漓盡致，從消費者的角度出發，用溝通和互動的方式，解決消費者的問題。

何況有些問題，不是你高高在上宣讀一份材料就能解決得了的。平心而論，如果你是消費者，受騙上了當，當你滿腔憤怒、質疑、不信任時，你最需要的是安撫和溝通，甚至需要微笑和擁抱，而絕非敷衍了事的例行通知吧。

我們進入的是互動而平等的時代，尤其在 Internet 上，沒有高低貴賤之分。一切都是體驗式的，一切都從消費者的感受出發。

三、從持續性到跟蹤性

網路的快速與開放使得危機公關的操作越發困難，但反而言之，網路快速開放的特點也能讓危機公關效果更加深入人心。

在傳統媒體環境下，危機公關之後的企業種種補救性措施很難產生大的影響，雖然持續性地投入，但由於很難接觸到大眾，所以其反省態度與補救行為雖然持續不斷卻很難為大眾所認可。

在 WEB2.0 下，企業可以通過 MINISITE、BBS、網路視頻、或者帖子等多種的形式，讓自己無論是懺悔的還是富有誠意的種種補救方式不斷呈現在社會大眾的面前，通過跟蹤式的記錄

及傳播，向大眾表示企業整改的決心與行動，最大可能地獲得大眾的重新認可。

比如這次事件之後，相關品牌可以專門成立補助網站，即時播報後續彌補動作，讓老百姓看到他們實實在在的補救行動。

最後還是得端正態度，無論是傳統媒體還是互動媒體環境中，永遠不要指望犯了錯可以操縱媒體用危機公關來翻身。群眾的眼睛是雪亮的，群眾的心靈是智慧的。危機公關只能彌補品牌聲譽，卻不能讓消費者忘記品牌給自己帶來的傷害。

四、誠信，才是根本

每個時代，都有不同的危機。

當強生對泰諾藥片中毒死亡的嚴重事故，不惜花鉅資在最短時間內向各大藥店收回了所有的數百萬瓶這種藥，並花 50 萬美元向有關的醫生、醫院和經銷商發出警報，並承諾對每個患者的健康負責到底。這個企業維護了其偉大的地位和品牌聲譽。

優秀的危機公關不論在什麼時代，都顯示出其真誠的品格和對責任的擔當。

不逃避、不推卸、認真、負責才是危機公關的核心所在，從誠信出發，對消費者負責，才是能取信於人的態度，也才是真正解決問題的方法。

當企業發生問題時，企業家第一時間該想到的應該是消費者怎麼樣了？我該如何幫助消費者？而不是我該怎麼辦。

從消費者的信任出發，也是這個互動的時代最爲根本的關鍵所在。

◎案例 3 光明「變質奶再銷售」的危機公關

一、光明乳業簡介

光明乳業股份有限公司是由中國、外資、民營資本組成的產權多元化的股份制上市公司，主要從事乳和乳製品的開發、生產和銷售，奶牛和公牛的飼養、培育，物流配送，營養保健食品的開發、生產和銷售。1999 年，「光明」乳製品商標榮獲中國馳名商標稱號；2001 年，公司入圍中國最受尊敬企業 50 強；2002 年 8 月，經中國證監會核准，光明乳業正式向社會公開發行 1.5 億 A 股。這標誌著光明乳業將以產業經營之實力躋身資本市場，經營資本，創造價值。同年，由中國企業聯合會、中國企業家協會評選入圍中國企業 500 強併入圍首屆上海 100 強企業。2003 年，光明乳業(600597)入選「上證 50 指數樣本股」，同時被著名媒體《財富中國》評選爲「全國最具領導力的20 家上市公司」。2004 年全年實現主營業務收入 68 億元，淨利潤 3.2 億元。同年，光明乳業榮獲上海市品質管理金獎，光明技術中心入圍國家認定的企業技術中心前 50 名(總 332 家)，並被評爲上海市外商投資先進技術企業，被商務部國際貿易經濟合作研究院評定爲全國誠信等級 AAA1 企業。光明的益菌奶及

蘆薈優酪乳被推薦爲 2004 年上海市保健食品行業名優產品。

　　光明山盟是光明乳業 2004 年收購的控股子公司,光明乳業持有 60%的股權,光明山盟是光明乳業在其全國收購的 20 多家企業中唯一未派駐管理層的公司。

　　2005 年 6 月,河南電視臺曝光了光明品牌變質牛奶加工再銷售過程。

　　電視臺記者臥底調查:5 月 30 號早上七點左右,記者以散工的身份深入廠區,記者所見的生產條件,簡直髒不忍睹。數千件光明牛奶露天堆放,雖然這些牛奶都還沒有拆箱,但都沾滿了塵土,有些箱子已經破損腐爛,週圍蒼蠅亂飛。記者進入回奶(就是把變味的奶回鍋重新生產)生產一線目視了變質牛奶的加工過程:有些牛奶已經成了豆腐渣狀,有些牛奶早已過期。成堆的軟袋牛奶被放在地上,沒有任何消毒措施。一些髒東西經常會掉進奶桶,一些亂飛的蒼蠅也淹死在牛奶桶裏。記者在正門口看到了「鄭州光明山盟乳業有限公司」的金字招牌。那麼這些回奶產品究竟賣到什麼地方了呢?而接收這些乳製品的商鋪,門頭上十分明顯地寫著光明山盟乳品配送中心的字樣。就這樣從生產工廠送到鄭州市的 50 個配送中心,再進入百姓家庭,完全是光明廠家自己在回收變質牛奶並進行生產和銷售。

二、光明的危機公關

　　光明乳業自稱「在這一事件發生後沒有陷入被動局面」,是因爲其在事件發生後第一時間就啓動了危機處理小組,對事件

的反應很及時，拿出了一份「誠告消費者書」應對公眾的質詢。光明乳業董事長 6 月 7 日斷然否認了光明乳業鄭州子公司加工生產過期奶，「已經調查清楚了，沒有出現將過期奶重新回鍋的情況」。其公告內容如下：

1.近日，個別新聞媒體關於我公司變質牛奶反常的報導引起我公司及上海總部的高度重視。總部已派出以副總裁、品質總監和地區總經理帶隊的品質事故調查組進廠進行深入調查。

2.我公司從來沒有將變質牛奶返廠加工再銷售，請廣大消費者放心。關於近日個別新聞媒體報導中提到的兩個問題，誠告如下：

(1)關於堆放在廠區內的百利包產品。由於我廠爲適應不斷擴大的生產需要，正在進行倉庫擴建，臨時將可常溫存放的百利包產品存放在廠區內，由於管理上的疏漏，造成了極個別包裝發生滲包現象。我們正在處理相關責任人。

(2)關於記者提到的被剪包的牛奶，這些牛奶是經銷商在保質期內沒有售出的牛奶。爲防止過期的商品給消費者帶來損害，我廠對這些已過保質期的產品進行銷毀。銷毀辦法是：剪開牛奶包裝袋──倒入廢奶桶──倒入汙水處理池處理，並由相關工作人員對銷毀的牛奶進行登記存查。

3.對於近日個別新聞媒體報導的品質問題，我公司正在積極配合省、市衛生防疫及工商管理部門進行調查，並及時向消費者公佈調查結果。歡迎新聞界的朋友和廣大消費者進行監督。

4.光明乳業作爲全國最大規模的乳製品生產、銷售企業之一，我們秉承「創新生活、共用健康」的歷史使命，以滿足消

費者需求爲根本任務,通過不斷自身努力,爲消費者提供健康、
優質的產品,請消費者放心飲用。

三、對光明公關的分析

光明於 6 月 8 日抛出其所謂的公關成果「誠告消費者書」,
將其內容分析如下:

首先,是「我公司從來沒有將變質牛奶返廠加工再銷售,
請廣大消費者放心。」這是對「變質奶再生產銷售」的斷然否
定。這實際上廻避一個事實:記者在回奶現場所看到的一切,
包括在生產線上看到幾張白色卡片,上面清楚地寫著「光明回
奶」的字樣。既然不加工回奶,要生產線幹什麼?加工現場「有
些牛奶已經成了豆腐渣狀,有些牛奶早已過期」,不是變質牛奶
是什麼?

其次,「爲適應不斷擴大的生產需要,正在進行倉庫擴建,
臨時將可常溫存放的百利包產品存放在廠區內,由於管理上的
疏漏,造成了極個別包裝發生滲包現象。」這種解釋實在滑稽
可笑。既然生產需要,爲什麼不早建倉庫,爲什麼要把關乎消
費者生命健康的食品「奶」露天存放呢?爲什麼不解釋「簡直
讓人髒不忍睹的生產條件,週圍蒼蠅橫飛,成堆的軟袋牛奶被
放在地上,沒有任何消毒措施。劃奶時這些髒東西經常會掉進
奶桶,一些亂飛的蒼蠅也淹死在牛奶桶裏」的衛生狀況呢?一
句「管理上的疏漏」是無法讓消費者原諒的。

光明乳業作爲全國性品牌,只有在應對危機時有自己的處

理策略，才能儘快擺脫在競爭激烈的市場狀況下的危機。

四、內部團隊精神面貌要徹底改觀

　　全國很多媒體的負面報導都是對光明公司全體人員一次深
刻的考驗，特別是從事一線行銷的人員，如何走出去面對發難
的消費者、採購商和大客戶是關鍵。首先就要從心裏充分肯定
和信任自己的產品，公司要統一口徑，統一以嶄新的形象面對
公眾。其次，公司自上而下要形成核心力量，幹部員工要同甘
共苦渡難關，生產上要提高產品品質是毋庸置疑的；行銷上要
提高目前的服務水準。再次，內部員工要正確認識本次事件，
正確認識發生事件深層次的根本因素，要清楚知道這必定是個
別的子公司現象，而不是全集團現象，是個別管理者管理不善
（已受到嚴厲處分），這當然也有總公司給分公司下達利潤指標
後的極端行為，而並不是普遍現象。每位員工有理由堅信自己
公司產品品質是過硬的、經得起考驗的，充分相信自己公司的
產品並充分相信自己。針對十分為難自己的消費者要敢於理直
氣壯地去解釋，不要羞於不理睬或廻避。

　　當然企業內部也要及時收集行業信息或市場回饋的意見，
針對這些意見再加以分析。可以召開特別會議，共同商討處理
辦法。為了增強企業內部員工對本公司產品的自信，建議每位
員工堅持每天喝自己公司的牛奶。只有自己品嘗了，才能增強
對自身產品的信心。並把這項工作作為長期任務來抓，若要購
奶、訂奶就從內部開始。針對這個問題幹部要從行動上教育員

工，即自己不僅是乳品的銷售者，同時又是本品的消費者，要從精神面貌和行動上改變整個團隊的認識，幹部員工都應從自我做起。

五、給經銷商注入強心劑

光明乳業的全國市場銷售模式絕大多數爲經銷商模式，所以經銷商的銷售信心是極爲重要的。光明在很多區域市場的總經銷都不是專營專銷，一般經銷商手頭都有幾個品牌（這些品牌多爲地方品牌），很多經銷商以前看重光明乳業，是因爲光明具有發展後勁，也就是全國性的品牌影響和強大的生命力。於是早在前幾年就「投懷送抱」，姻聯光明，在經營過程中憑藉手中的地方品牌及現有網路和管道，可以促使光明在個別省區「一夜走紅」。這些年光明乳業也是地方性乳業憂心忡忡的全國品牌，但如今，危機事件發生後，個別的總經銷在有些地方品牌企業別有用心下，卻在風中持觀望狀態，也許現在放棄意味將來就會失去財富，正因有了當初的鍾情才有如今的選擇，若不放棄又怕影響其他品牌的經營。在這種情況下光明乳業必須重塑他們的信心，讓他們感到經營「光明」一定能看到光明。

建議把經銷商召集起來開一個樹立信心會或舉辦廠商聯誼活動，全員共同參與，增強廠商信心。光明乳業所有的老總、經理們都走出辦公室到一線與之溝通，解決當前所遇的困難，實實在在爲他們辦事，讓他們感到關懷和信心，也看到公司的希望。

售前、售中、售後服務必須優於同行的服務。在行銷方面可以實行產品銷額階段返利、行銷聯動、及時促銷、開發新品（更新換代），讓他們在危機中感到實惠，在實惠中把經銷商變成自己產品的推銷員，並在危機中培育「患難與共」的意識。用實惠的行動、嚴謹的作風拉近與經銷商的感情距離，爭取理解與支持。如果走訪 100 個客戶中有一個支援公司，也算是成功的，一定要有這種理念。

六、抓重點客戶以維繫公司市場

很多公司都把市場客戶分爲 A、B、C(CD 歸爲一類)三類，其中 A 類客戶是一類的大客戶，根據 80/20 法則，80%銷售量來源於 20%的大客戶，所以，一類客戶是最重要的銷量來源。關鍵時期抓重點客戶尤爲重要，對待這一類客戶，老總們都要經常拜訪，瞭解其想法和發展動態，在澄清事件真相的同時，要用優待政策特別對待，如特意邀請 A 類客戶重點回訪公司、個別的參觀旅遊、商務研討、聘爲顧問等。當然這裏所說的客戶也包括經銷商、特供團體、大型超市、超大批發管道的經營者，無論企業內部工作再忙一定要定期回訪他們，關心其經營狀況。只有在平常合作夥伴需要時、困難時適當支助、關心、贊同他們(如特別慶典或聯誼贊助)才能有患難的援助合作，我們常說做行銷要首先學會做人就是這個道理。這裏所說抓重點客戶並不是要放棄 C、D 類客戶，往往這些客戶也是銷量的一個重要來源，是企業宣傳的視窗。抓 A、B 類客戶的同時，後期 C、

D 類客戶一定不可忽視，不同的客戶只是企業內部在不同時期對待的方式不一樣罷了。

七、正確認識媒體監督

解鈴還需繫鈴人，媒體監督是最有利於規範管理的。媒體就像指出缺點的人一樣，企業要把他們當作好朋友。只要你改正就會受到其歡迎。如果要把某個乳業品牌置於死地，就不是媒體的初衷了。「光明回奶事件」畢竟是個別分廠現象，不是全局的，這一點媒體是十分清楚的。其實光明可以開放監督環境，請媒體再次監督，專聘常年監督記者或選擇有代表性的消費者共同參與本企業或行業監督，把監督機制開放化、透明化，從而達到自我和外部監督，提高本公司產品品質，杜絕違規操作和管理失職的現象。有的企業發生危機後往往就是遮掩，難怪媒體好奇。越是危機開放就越會得到理解。光明這個知名的全國品牌，畢竟也是民族品牌，爲政府解決長期的「三農」問題作出了突出的貢獻。對於媒體的披露，也要正確認識媒體職責，要從內部去找差距和原因，只有從規範自身出發，才能適應市場經濟的發展。

八、公益活動推廣，消除負面影響

不少企業發展壯大了，就不願做公益推廣活動，認爲投資大，不見效果。其實並非如此。在國外其實很流行公益推廣活

動，只是報導較少罷了。對於現在的光明來說，做一些公益活動無疑會改變公眾前期看法，會受到社會、媒體、政府的好評，喚起消費者的認知認可。如今年發生洪災，可以舉辦愛心大行動活動，購「光明」送愛心的活動，爲災區獻愛心。借此一次一次「愛心奉獻」，相信會深化光明品牌，引起社會的關注。

一次好的公益活動，不僅能提高企業形象，而且會消除一些負面影響，做公益活動的形式很多，關鍵是取決於企業的理念創新效果，而不是太著重於短線投資分析等。

九、公佈違規生產處理結果

企業的某個分公司、某個部在生產中違規操作後，一定要敢於正視面對，敢於公佈事實的真相。既然眾多媒體披露了，就更應還社會公眾一個說法，僅僅一兩個企業的責任人離職是不夠的，處理結果要全盤公佈，徹底消除外界疑慮。選擇公佈結果是還信於民，開誠佈公會贏得廣大消費者理解的，企業講的就是誠信和道德。

十、形成重大事件的應對機制

企業的安全事故、品質事故、財政問題、違規行爲被披露，一定要以開放姿態面對，事前完善應急處理體系；事中有應急方案，發言有部門，發言有針對的內容；事後第一時間處理，切忌久拖不決，諸如「無可奉告」或「閉門不談」都不是解決

問題的好辦法，坦蕩面對是會得到社會理解的。

綜觀食品行業的多起事件，在處理和應對上，暴露的問題是眾多的。有的企業還是不敢面對鐵一般的事實，單就處理應急機制上是不完善的。建立完善的應對機制，並不是說鼓勵企業的不法行為。今天的法制社會也絕不容忍任何企業和個人有不法行為。這一次乳業要痛則思痛，不僅是光明，整個食品行業都要好好總結，在痛的過程中自我檢討，規範各種管理，全員遵紀守法。在思痛的過程中，力求行業監督，社會關注。當然要化解危機單從以上幾方面來做是不夠的，它既有宏觀因素，又有微觀細節，但是至少把握這樣的正確處理就會加快走出危機期，減少對自身的傷害。

◎案例 4　杜邦「特富龍」事件的危機公關

2004 年 7 月 8 日，據當日《華爾街日報》報導，美國環境保護署對杜邦公司提起行政指控，稱其位於西佛吉尼亞州的一家工廠使用的一種名為全氟辛酸銨的化工品違反了有關潛在健康風險的聯邦報告要求。若指控成立，杜邦將被處以最高每日 27500 美元的罰金。

杜邦否認了環境保護署的指控，並表示將在三十天內針對這一指控提出正式否認。杜邦稱其完全遵守聯邦報告要求，並懷疑在上述化工品與人體健康或環境的任何有害影響之間存在任何聯繫。

　　7 月 12 日，據媒體報導，大多數機構和消費者對這一事件尚不知情，使用杜邦特富龍塗層的炊具的銷售未受影響。

　　中國國家質檢總局有關人士表示，聽說了杜邦公司特富龍不粘鍋等產品可能含致癌物這件事情，具體情況是否屬實還有待進一步核實。

　　北京出入境檢驗檢疫局有關人士表示，檢驗檢疫局還沒有聽到這方面的消息，情況是否屬實還有待核實，不過他們會對這方面的產品加強監管。

　　7 月 13 日，《北京青年報》報導的「杜邦特富龍可能給人體健康帶來危害情況」的消息引起國家質檢總局的高度關注，並且已經組織有關專家進行論證。國家質檢總局的有關負責人說，一旦發現特富龍確實會對人體健康造成危害，國家有關部門將立即採取相關措施。

　　工商部門表示，如果確認特富龍產品對人體有害，相關生產廠家應實施主動召回制度。中消協指出，如果證明此事屬實，那麼杜邦公司以及國內的生產廠家、經營者都應該並且有義務向消費者明確說明。消費者有權向杜邦公司索賠。

　　特富龍危機開始蔓延，使用杜邦特富龍塗層的不粘鍋等炊具銷售應聲陷入寒流。

　　7 月 14 日，國家質檢總局當日晚八時正式就「特富龍」事件發表聲明，表示將迅速組織專家展開相關研究論證，同時加強與美方的信息交流。但具體檢驗結果要到 9 月份才可能得出。

　　國家質檢總局有關人士表示，國家質檢總局已經組織中國檢驗檢疫科學研究院研究出不粘鍋特氟隆塗層中全氟辛酸的測

定方法（包括氣相色譜法和液相色譜法），並將利用該方法對不同環境下（包括高溫條件下）全氟辛酸的含量及特性進行研究；同時將組織國內部份權威專家就全氟辛酸對人體健康的危害進行研討和論證。

國家質檢總局還將通過中國駐美商務處取得與美國環境保護署（EPA）聯繫，開展在全氟辛酸毒性風險分析方面有關的信息交流與合作。

7月15日，杜邦開始開展危機公關。杜邦中國集團公司常務副總裁任亞芬當日做客新浪網，反覆強調特富龍安全無害。任亞芬表示，本來是美國環保署跟杜邦之間關於行政報告程序的爭議點，不是產品本身安全性的問題，卻演變成了跟家庭生活人身健康息息相關的一個炊具的爭議。

7月19日，杜邦總裁賀利得接受《人民日報》記者採訪，回應中國消費者。賀利得再次強調環保署的指控並非針對杜邦產品的安全性，而是環保署與杜邦在行政報告的程序問題上存在爭議，並強調杜邦在產品品質和安全性能方面的良好聲譽。

7月20日，杜邦中國集團有限公司會同三名總部的氟產品技術專家在北京召開新聞發佈會，稱「特富龍」不粘塗層中不含全氟辛酸銨，同時全氟辛酸銨對人體和環境也是無害的。

當天下午，杜邦還拜訪了國家品質監督檢驗檢疫總局，向質檢總局提交了有關技術資料，並回答了質檢總局的提問。公司中國總裁查布朗表示，杜邦公司將尊重質檢總局的結論。

杜邦此次的媒體危機公關，讓我們看到一個跨國企業應對危機公關的豐富智慧、良好素質、有序管理和果斷行動。

其危機管理，有序而到位，其危機公關行動，及時而主動，其態度，堅決而誠懇，其方法，有效而有力，充分整合新聞媒體資源，進行說服教育。

中國企業在這方面與跨國企業有著很大的差距，如何整合新聞媒體資源，爲自己的企業發展、品牌打造服務（特別是在遇到突發事件時），將是我們國內企業要學習的重要一課。

杜邦「特富龍」危機公關對企業界的啓示，至少應包括以下幾點：

1.必須有危機公關的意識。逐漸形成危機公關管理體系，不斷摸索有效的危機公關方法。

2.「成也媒體，敗也媒體」。企業應具有新聞策劃的意識，危機公關一個最重要和有效的管道，就是針對新聞媒體的危機公關。

3.新聞媒體的危機公關必須主動、積極。主動性是危機公關的總原則，「特富龍」事件發生後，杜邦迅速進行了從內到外、自上而下、各種形式的新聞公關，積極而主動。

4.新聞媒體的危機公關必須統一、及時。危機具有危害性，甚至是災難性，如果不能及時而統一地對信息進行控制，將可能影響到企業的生死存亡，所謂「千里之堤，潰於蟻穴」。

5.新聞媒體的危機公關必須誠懇、權威。「至誠能通天」，杜邦處理此次危機的態度極爲誠懇，爲示權威，杜邦不惜從美國總部請來專家與中國記者見面，杜邦總裁賀利得則接受了中國最權威媒體《人民日報》的獨家專訪，誠懇和權威最能說服消費者。

◎案例 5　雀巢奶粉碘超標危機

一、雀巢公司簡介

1867 年，雀巢公司創始人，一位居住在瑞士的化學家亨利‧雀巢先生，用他研製的一種將牛奶與麥粉科學地混制而成的嬰兒奶麥粉，成功地挽救了一位因母乳不足而營養不良的嬰兒的生命。由此開創了雀巢公司的百年歷程。雀巢的英文「Nestle」的意思是「小小鳥巢」，這個溫馨的鳥巢作爲雀巢公司的標誌，深爲消費者熟悉和喜愛，它代表著雀巢公司的理念：關愛、安全、自然、營養。雀巢公司是世界上第一大食品公司之一，位居歐洲第八大公司，世界第三十六大公司，雀巢在世界上是首個將乳酸桿菌應用於食品的企業。

二、事件重播

2005 年 4 月下旬，浙江省工商局抽檢發現批次爲 2004.09.21 的雀巢金牌成長 3＋奶粉碘含量達到 191.6 微克，超過其產品標籤上標明的上限值 41.6 微克，浙江省有關部門與雀巢聯繫，要求 15 天內予以答覆。5 月 9 日，雀巢表示承認檢測站檢驗結果。

5 月 25 日，浙江省工商局依據法律程序對外公佈：雀巢金

牌成長 3＋奶粉爲不合格產品，碘含量超過國家標準上限 40 微克。食品安全專家介紹，碘如果攝入過量會發生甲狀腺病變，而且兒童比成人更容易因碘過量導致甲狀腺腫大。消息一出，舉國震驚。隨之，雀巢選擇了廻避並抵賴的態度：26 日，雀巢明確表示不接受任何媒體採訪；27 日，雀巢中國公司在給各大媒體發佈的聲明中宣稱，雀巢碘檢測結果完全符合《國際幼兒奶粉食品標準》，雀巢金牌成長 3＋奶粉是安全的。

雀巢的聲明並沒有給市場帶來信心。5 月 27 日，在上海，聯華、歐尙等大超市紛紛將雀巢問題產品予以撤櫃，而家樂福已向全國發佈撤櫃通知。

5 月 29 日，在中國的中央電視臺播出《雀巢早知奶粉有問題》，對雀巢早知 3＋奶粉存在問題卻任由其在市場繼續銷售提出批評。在節目中，雀巢發言人承認按國家標準，雀巢金牌成長 3＋奶粉是不合格的，但是她認爲這批產品是安全的，雀巢無須回收這些產品。

雀巢的聲明，引起公眾和輿論的極大不滿。6 月 1 日，中國消費者協會公開指責雀巢公司不能自圓其說，公眾和媒體也對雀巢公司的姿態進行質疑。雀巢遭遇空前的信任危機。在這種壓力下，6 月 5 日，雀巢中國有限公司大中華區總裁向消費者道歉，次日宣佈問題奶粉只換不退。對於這一決定，消費者並不買賬，關於雀巢的批評聲見諸報端。在強大的公眾壓力下，雀巢表示可以退貨。

雀巢不負責任的態度，立即引來諸多媒體猛烈的批評，雀巢危機事件再度升級。繼全國各大超市將「雀巢」金牌成長 3

＋奶粉全面撤櫃後,部份超市開始無條件退貨,迫於市場壓力,雀巢無奈宣佈回收問題奶粉,但雀巢緩慢的決策與處理結果令諸多消費者深感不滿。

城門失火,殃及池魚。金牌成長 3＋奶粉出事,連帶雀巢幾乎所有產品都受影響,越來越多知情的消費者到超市要求退貨,雀巢危機全面爆發。

三、雀巢的傲慢

在對浙江省工商局給予其申辯的 15 天裏,雀巢公司沒有做絲毫的說明,保持著驚人的沉默;面對央視的質詢,其新聞發言人不僅未對消費者表示絲毫歉意,還三次摘下採訪設備欲先行告退,最終還是不禮貌地中斷了採訪。

直到 27 日,雀巢才拋出一份「安全聲明」,聲明其產品符合中國食品安全相關規定的要求,聲明說,「根據中國營養學會公佈的《中國居民膳食營養素參考攝入量》,兒童碘攝入量的安全上限爲每天 800 微克。我們產品中的含量要比它低 4～5 倍。」雀巢公司一位公關人士甚至對媒體打了這樣的比方:司機在車道上超速,不一定會出安全事故;呼吸到超標空氣的人,也並不會因此死去,所以「標準和安全」是兩碼事,吃點碘超標奶粉沒什麼不安全!正是靠這樣的「邏輯」,雀巢公司在消費者面前一直還在「傲慢」著,儘管期間也有幾聲有氣無力的道歉,但由於其堅信「產品是安全的」,即使道歉也顯得沒有誠意。

作爲一家有著 130 多年歷史的食品業的跨國巨頭,「雀巢」

在人們的印象中一直都是管理嚴格，品質無可挑剔的形象。但是，雀巢公司指定的新聞發言人在接受採訪時不得不承認：「按國家標準，這批產品是不合格的」。同時聲稱：「雀巢公司是在浙江省工商局公佈之後，通過媒體才瞭解到自己的產品碘含量超標」。

事實上，5 月 9 日就被告知產品的檢測結果，雀巢公司卻默然以對。被工商部門披露後，雀巢始終沒有透露超標奶粉的產量和銷售地區，至今未對不合格產品實行召回措施。

儘管雀巢承認奶粉不合格，但卻認爲奶粉是安全的。並且還是那套一以貫之的說辭，「原料奶的碘含量不太平衡，幅度比較難控制」。但爲何總是用這句「都是原料供應惹的禍」來推脫自己的責任？

其實，無論是在收奶點還是在檢測奶粉物理特性的實驗室裏，央視記者通過調查，在其生産的各個環節中，沒有發現關於檢測碘的任何痕跡。消費者至今沒有得到今後如何避免類似不合格產品繼續出現的明確答案。消費者只是聽到：「從農民養奶牛開始到收買到銷售，整個過程完全由我們雀巢掌控。但是這批含碘量超標的不合格產品，到底生産了多少，銷往那裏我不是很清楚」。

四、母親致信雀巢要理論

據《華西都市報》報導，雀巢超碘奶粉事件曝光後，5 月 28 日，成都劉女士以消費者的身份致信雀巢(中國)有限公司

稱，她的女兒小佳(化名)自 2 個月大到現在，長達 4 年時間一直食用雀巢系列奶粉，目前因攝碘過多身患甲亢，她請雀巢公司就此給個答覆。

劉女士稱，至 2005 年 9 月份小佳就滿 5 歲了。由於母乳不足，小佳 2 個月大時就開始食用雀巢嬰兒奶粉，其間雖然換了幾款不同的產品，但雀巢的牌子一直沒換，現在每星期小佳要吃 1 斤左右的雀巢成長 3＋奶粉。小佳 3 歲多時，出現了眼睛外凸、脖子腫大、愛流汗等症狀。去年 7 月 28 日，劉女士把小佳送到華西醫院做檢查，結果發現小佳因攝碘過多，患上了嚴重的甲亢。此後小佳便開始了背著藥瓶上幼稚園的日子，但治病過程中未間斷吃雀巢成長 3＋奶粉。

5 月 27 日，劉女士看到雀巢奶粉「碘超標」的消息後，她立即懷疑女兒的甲亢和長期吃雀巢奶粉有關。28 日下午，劉女士致信雀巢公司，請雀巢公司幫助她調查一下此事。同時，她希望雀巢公司能坦誠地對她的懷疑作出答覆。

甲亢發病以中青年居多，發生在 4 歲以下孩子身上的情況比較少見。對於小佳的病因，醫生表示，由於甲亢存在多種誘發因素，他現在尚不能確定小佳的病是否與食用奶粉導致碘過剩有關，還需要做進一步的詳細檢查。不過小佳在患上甲亢症狀以後，如果繼續服用含碘食物，則不利於疾病的康復。

雀巢(中國)有限公司授權接待媒體的中國環球公關公司給媒體發來聲明稱：雀巢金牌成長 3＋奶粉可以安全食用。聲明還給出了兩個背景資料：

⑴碘是身體和大腦正常生長和發育所不可缺少的微量元

素。食物中碘的主要來源是乳製品、碘鹽和海產品等。

(2)根據中國營養學會公佈的《中國居民膳食營養素參考攝入量》，兒童碘攝入量的安全上限為每日 800 微克。

因此，上述檢測中所提及的碘含量不會帶來任何安全和健康問題，因為該產品中碘含量微少，比上述安全上限要低。請消費者、母親們、醫務工作者以及商界等所有相關各方放心，他們的產品確實是安全的。

28 日環球公關公司相關負責人證實，小佳母親的信她收到了，由於該公關公司只負責接待媒體，因此她已經將信件轉交到雀巢公司相關負責部門。她稱，雀巢公司一向把消費者的利益放在第一位，相信此事會得到妥善處理。

29 日下午 5 時許，中國環球公關公司負責接待媒體的人員稱，她知道這一情況，但雀巢公司對此尚無新聲明。

五、雀巢的另一面：登門認錯，政府面前規規矩矩

與對媒體的冷淡相比，雀巢對各大媒體的老總們卻異常熱情。據瞭解，雀巢已經分別找了一些新聞單位的領導，熱情地為自己洗白，想靠公關和廣告來「擺平」媒體。雀巢公司也悄悄地印製「新聞稿」發給消費者，看來雀巢並沒有把媒體的報導放在眼裏，依然是「超標但安全」的宣傳和「只換不退」的無力道歉。

來自政府部門的消息說，雀巢公司知道了檢測結果之後，就沒「閑著」，早早地跑到國家有關部門「登門誠懇認錯」，並

「委屈」的把碘超標問題歸於「奶源」。

到 6 月 8 日以前，政府各相關部門比較「慎重」，都沒有表態，好在中國消費者協會一直支持消費者。在中消協和有關部門的建議下，雀巢公司不得已向中國消費者道歉。

6 月 8 日，國家標準委對「嬰兒配方乳粉中碘含量」問題公開表態：「碘不符合標準要求的嬰兒配方奶粉應禁止生產和銷售。」這個表態是國家權威部門首次對「雀巢奶粉碘超標」的有力回覆。國家質檢總局同時明確表示，相關質檢部門將對「問題奶粉」生產企業進行專項監督檢查，如發現問題，將禁止其生產和銷售。

六、雀巢逃避召回

2005 年 6 月 7 日，據《京華時報》報導，雀巢表示，如果消費者有疑慮並希望換貨，可以撥打其服務熱線 010-64381166，雀巢根據地址情況，將在 10 天左右時間裏將整改之後的產品送上門。

當記者詢問，如果有消費者堅持要求退貨，雀巢如何應對，對此雀巢公司有關負責人沒有表態。

一名雀巢的諮詢電話接線員則解釋稱，不能退貨的原因是，目前還不能證明這些碘超標產品對人體造成損害。「我們認為換貨是目前效率最高也是最好的解決方案」，雀巢公司公關部有關負責人說，之所以不退貨，是因為「產品本身是安全的，不會對身體造成不良影響」，即使消費者不換貨，也是完全可以

繼續放心食用的。

　　據瞭解，此次發現的雀巢問題奶粉有 13.5 噸。如果雀巢同意退貨，按市場價格折算，這家跨國企業將損失龐大。

七、消費者有權要求退換貨

　　對此，中消協消費指導部指出，根據相關的法律規定，產品一旦經檢驗證明不合格的，生產廠家應該主動召回或實行退換貨制度。如果有消費者在換貨時提出退貨要求，雀巢公司的工作人員應該為消費者辦理。

　　太原市消費者協會認為，雀巢公司這種行為屬於「霸王條款」，「根據《消費者權益保護法》規定，只要依法經有關行政部門認定為不合格的產品，消費者要求退貨，經營者應負責退貨。」雀巢單方面「只換不退」的做法已經侵犯了消費者的權益，並且屬於典型的「霸王條款」。消費者可以依法向當地消費者協會或工商部門進行投訴。

　　北京市律師協會消費者權益保護委員會認為，雀巢「只換不退」是沒有完全履行它應該承擔的責任。雀巢生產銷售了經檢測不合格的奶粉，應該承擔相應的法律責任。「消費者可以根據自己的需要主張是退、換貨或提出雙倍賠償要求的權利，(雀巢公司)不能單憑一紙道歉聲明，就限制消費者退貨賠償的權利，這是沒有完全履行其應承擔的責任。」國家行政部門應該對其生產銷售不合格產品的行為予以行政處罰並公示。

◎案例 6 巨能鈣「雙氧水風波」危機

一、巨能公司簡介

巨能實業有限公司(巨能集團)是一家以高科技爲先導,以實業爲基礎,以資本擴張爲手段迅速崛起的企業集團。巨能公司的主營業務有三個:保健品、藥業和食品業。到 2004 年 11月份,巨能公司擁有藥業生產企業 6 家(均通過國家 GMP 認證)。巨能製藥涉及輸液、化學合成藥、原料藥和中藥產品。其中巨能塑瓶輸液生產能力和銷售均處於全國領先地位。巨能還擁有醫藥商業 2 家,下屬 27 家醫藥銷售辦事處,產品銷售進入了 500 多家醫院,形成了遍佈全國的藥品銷售網路。巨能公司擁有 3 家保健品生產企業,經過多年努力,巨能在保健品業已發展爲著名品牌,特別是遍佈全國的行銷網路,近 5 萬個銷售終端,使巨能的保健品走進了千家萬戶。巨能公司擁有 2 家食品生產企業。一家爲巨能普通食品,另一家爲巨能軟體飲料。按巨能人的發展框架設計,巨能藥業是巨能的核心產業,巨能保健品業是巨能的主打產業,巨能食品業是巨能的基礎產業。

巨能鈣 1996 年下半年開始上市,並陸續在中國各地設立辦事處,剛開始時銷售業績平穩。1999 年 3 月,巨能鈣第一次把鈣的作用進行形象定位:主治「腰酸背痛腿抽筋」,並以「腰酸背痛腿抽筋——請服巨能鈣」爲廣告詞,通過各大媒體向全國

推廣，一時間在各地引起強烈反響，消費人群也迅速達到了數百萬之眾。巨能公司宣稱，到 1999 年巨能鈣的銷售額已達 2.8 億元，2000 年上半年巨能公司已實現銷售收入 2.6 億元。2000 年，巨能鈣打出「8 位博士、48 位科學家、100 項科學實踐、10 年嘔心瀝血，終於研究出一種產品，那就是巨能鈣」的廣告。經過八年的發展，公司的主打產品巨能鈣以其準確的市場定位、犀利的廣告訴求、策略性的廣告投放以及扎實的市場運作，長期位居補鈣產品的龍頭地位。然而 2004 年 11 月 17 日《河南商報》的一篇報導，打碎了巨能鈣的美夢，巨能公司最終也沒有擺脫保健品市場「各領風騷三五年」的宿命。

二、導火索

2004 年 11 月 17 日，《河南商報》發表題為《消費者當心，巨能鈣有毒》的文章，稱巨能鈣含有致癌和加速人體衰老的雙氧水。據該報導披露，10 月 13 日，有業內人士向《河南商報》反映巨能鈣含有雙氧水的情況。記者迅速出擊，歷經一個多月的調查取證，兩次到農業部農產品品質監督檢驗測試中心進行檢測求證，最終證實巨能鈣系列產品中，多個品種殘留過氧化氫(雙氧水)有害化學物質成分。

商報記者在走訪大量醫學專家、食品專家後，綜合專家們對過氧化氫危害的論述，整理了過氧化氫的十大危害：

1. 過氧化氫可致人體遺傳物質 DNA 損傷及基因突變，與各種病變的發生關係密切，長期食用危險性巨大。

2.過氧化氫可導致老鼠及家兔等動物致癌，從而可能對人類具有致癌的危險性。

3.過氧化氫可能加速人體的衰老進程。過氧化氫與老年癡呆，尤其是早老性癡呆的發生或發展關係密切。

4.過氧化氫與老年帕金森氏病、腦中風、動脈硬化及糖尿病性，腎病和糖尿病性神經性病變的發展密切相關。

5.作為強氧化劑通過耗損體內抗氧化物質，使機體抗氧化能力低下，抵抗力下降，進一步造成各種疾病。

6.過氧化氫可能導致或加重白內障等眼部疾病。

7.通過呼吸道進入可導致肺損傷。

8.多次接觸可致人體毛髮，包括頭髮變白，皮膚變黃等。

9.食入可刺激胃腸黏膜導致胃腸道損傷及胃腸道疾病。

10.小分子過氧化氫經口攝入後很容易進入體內組織和細胞，可進入自由基反應鏈，造成與自由基相關的許多疾病。

此報導一出，短短幾天內在全國引起了巨大反響，國內媒體紛紛對該報導進行轉載和跟蹤報導。包括中央電視臺、《京華時報》、《南方都市報》、《南京晨報》、《重慶晨報》、《北京青年報》在內的30多家報紙媒體和20多家電視媒體進行了相關評論。

三、針鋒相對

11月18日，巨能公司發佈律師聲明，承認巨能鈣含有微量雙氧水，但不會對人體有危害。律師聲明原文如下：

本所律師(北京市天達律師事務所律師張仲和)受北京巨能新技術產業有限公司委託，就巨能鈣中含有微量雙氧水一事發表以下聲明：

1. 巨能鈣是經國務院衛生行政部門批准進行生產和銷售的。巨能鈣嚴格按照《食品安全性毒理學評價程序》的規定，進行了嚴格的毒理試驗，證明是安全的、無毒副作用的。聯合國糧食及農業組織、世界衛生組織聯合組織的食物添加劑專家委員會曾對雙氧水的安全問題進行評估，委員會認為，人體內腸道細胞的過氧化氫酶可以很快把雙氧水分解，因此攝入少量雙氧水不會有中毒危險。

2. 《河南商報》以巨能鈣含有雙氧水為由，於 2004 年 11 月 16 日刊登的題為《消費者當心：巨能鈣有毒》的文章有意混淆視聽，內容嚴重失實，屬不實報導。

3. 北京巨能新技術產業有限公司保留通過法律途徑追究《河南商報》法律責任的權利。

11 月 19 日下午 3 時 30 分，巨能公司在北京召開新聞發佈會，就《河南商報》報導回答記者提問。在發佈會上指出：「報導完全沒有根據。僅憑對部份巨能鈣產品的化驗結果就做演繹是不科學的。」公司將採取法律措施對該媒體提起訴訟。他還宣佈：巨能公司將請行政部門指定一家第三方權威機構，來對巨能鈣進行檢測。關於巨能鈣生產技術方面的問題，巨能公司相應說明。圍繞巨能鈣「是否含有雙氧水」及「是否有毒」的問題，劉志革稱，巨能鈣確實含有雙氧水。但雙氧水不是毒品，更不是劇毒品，在國際醫藥衛生領域都被大量使用。人體少量

攝入雙氧水是沒有害的，但具體攝入多少劑量會有毒副作用，這還沒有一個相關標準。據劉稱，人體每天攝入 15～24 毫克雙氧水處於合理範圍內，而巨能鈣在說明書中規定了服入量(服用 1～4 片)，相當於每天攝入 1.2 到 2.0 毫克。而且這些少量的雙氧水在人體內也會被分解。

發展預期結果表示樂觀，他相信最終將靠科學來說明一切：「我相信我們的勝算是百分之百。」

同時，巨能公司發表《致全國媒體和消費者的一封公開信》，全文如下：

最近《河南商報》以《消費者當心，巨能鈣有毒》聳人聽聞的宣傳對我公司的產品巨能鈣進行惡意炒作。

該報僅以一兩項檢測出部份巨能鈣中含有微量雙氧水的結果就進行推斷演繹，把一個經過國家衛生部嚴格審查、篩選出的保健品定性為有毒產品，既不符合衛生部指定機構作出的巨能鈣「實際無毒」的事實，更缺乏科學依據。

巨能公司將本著對全國消費者健康負責的態度，要求國家權威部門和有關專家再次就巨能鈣「有毒無毒」進行評價。

感謝廣大消費者連日來給予的理解！歡迎全國媒體監督並給予客觀公正的報導！

當晚，《河南商報》予以堅決回應，稱銷售受損是巨能公司咎由自取，《河南商報》發表一份針鋒相對的聲明，聲明的全文如下：

19 日，巨能公司就《河南商報》揭露巨能鈣含有危害人體健康的過氧化氫的報導公開在媒體發表律師聲明，19 日下午又

召開新聞發佈會再次對我報進行惡意攻擊。對此，作為《河南商報》的顧問，我代表《河南商報》作出如下初步反應：

1. 我們的報導依據的是一個最基本的事實和國家有關部門的成文規定：

(1)巨能鈣的部份產品經科學檢測確實含有過氧化氫，對此，巨能公司已承認不諱。

(2)根據衛生部制定的《食品添加劑使用標準》(GB2760-1996)在食品和保健品中不得被檢測出有過氧化氫殘留的規定。

2. 既然部份巨能鈣產品確實含有相關法規規定不應含有的有害物質。本報的報導就是有根據的、實事求是的，所謂嚴重失實的說法沒有任何依據。

3. 我們送檢的巨能鈣的樣品是從北京和鄭州的市場上直接購買的，為了證明這些樣品是巨能公司生產的，我們還專門讓巨能公司在河南的辦事處經理親自認證、核實過。送檢的樣品包裝完整，是由檢測機構開包開瓶進行檢測的，所謂樣品被「做手腳」之類的說法，純屬無根據的惡意猜測。

4. 我們發表這篇報導，目的只有一個：協助政府整頓混亂的保健品市場，保護消費者的合法權益和人民的身體健康、生命安全。在整個採訪和報導的過程中，我們的操作是客觀、科學和嚴謹的，所得出的結論也是有充分依據的。指責我們的報導是惡意炒作，恰恰是對我們的污衊和傷害。

5. 巨能公司和他們的所謂專家把「巨能鈣是否含有毒成分過氧化氫」這一要害問題拋在一邊，又提出一個「過氧化氫含量多少才是能容許的」這樣一個偽問題。對此我們和巨能公司

一樣無資格發表意見，他們的所謂專家說話也不算數。判斷這個問題是非的標準只能是國家現行的法規，例如《食品添加劑使用標準》(GB2760-1996)。究竟是誰在胡攪蠻纏、混淆視聽，社會各界自有公論。

6.巨能公司聲稱，我們的報導傷害了他們的品牌聲譽，影響了他們產品的銷售，這是本末倒置，如果他們的產品不合有違規有毒成分，那裏會有我們的報導？如果巨能鈣的銷售因此受到影響，只能說是巨能公司咎由自取。

7.巨能公司連日來的行為已經構成對《河南商報》和記者名譽權的嚴重侵害，我們保留通過法律途徑維護新聞媒體與新聞記者合法權益和人格尊嚴的權利。

四、形勢惡化

2004 年 11 月 20 日，巨能公司總裁李成鳳與巨能公司總裁做客新浪聊天室，就雙氧水事件回答網友提問。

在聊天過程中，李成鳳回答網友巨能鈣到底有沒有毒的問題時，再次強調「巨能鈣既無毒也無害，是安全的」。「巨能鈣生產的過程，沒有添加任何的雙氧水，這個過程是沒有的，先說它是原料，L-蘇糖酸鈣這個原料帶來的……它是在 L-蘇糖酸鈣的生產技術過程，我們生產這個產品是用藥用劑維生素 C，它降解，降解的時候需要雙氧水做氧化劑，然後生成 L 酸酸，L 酸酸再跟我們的鈣結合，就得到了 L-蘇糖酸鈣這樣一個過程。所以在巨能鈣的生產過程當中並沒有加入雙氧水。」

　　當有網友問「既然現在事情已經出來了，大家可能會有誤會，也可能其中確實有一些問題存在，將來巨能公司是不是可以把雙氧水成分寫在說明書中？表明它不超過多少的含量，讓人們放心？」李成鳳回答：「這個得看國家有沒有要求，如果國家沒有要求寫我們還不會寫，我們為什麼畫蛇添這個足呢？看國家有沒有要求，我們寫和不寫不是我們自己定的，標籤有審批辦法的，它要求有我們就寫，如果它沒有要求我們為什麼寫？」

　　當新浪網主持人問「剛才李總說到衛生部指定的檢測部門有權威性，巨能公司何時給公眾這樣一個檢測報告？是由衛生指定檢測部門說巨能鈣無毒無害？」李成鳳回答說：「這個報告不是巨能做出的，首先不能承諾那一天能給的。如果說衛生部它調出它原來評價的東西，它認定沒有問題，它也許不做檢測了，它可能要公佈了。那麼如果它認為有必要，需要再重來一次毒理性的評價和實驗的話，不是我來叫的，而是衛生部要指定它們的機構來做的。」

　　「說什麼時間能給，看衛生部對這個問題的認識了，如果它認為這是一個一般性的常識，沒有必要做，那麼也許它就不做了。總而言之小姐問我什麼時間拿到這個報告，我不是衛生部長，我真是沒有辦法回答你，我只能說我們等，但是作為我們企業來說，由於這個問題我們受傷害，廣大的消費者肯定也存在疑問，作為我們來講，我們希望衛生部能夠早有決定，能夠早有結論，不僅是給我們一個結論，也給廣大的消費者和存有疑問的民眾一個結論，這是我的看法。」

「所以我在這裏鄭重地跟網友們講，這不是我能承諾得了的事情。」

而當網友問「假設有一天衛生部出具這樣一個結論，說巨能鈣含有雙氧水成分，對身體是有害的，那麼您公司將作出什麼樣的反應？」李成鳳回答說「這也不是我們公司做的反應，衛生部認定我們有害，一定得對我們處理，不是我們的反應，我們得等待著政府的處理。假如說是這樣，咱們也得假如，那個時候不是我們說怎麼樣的。」

當巨能公司高層做客新浪的同時，《河南商報》接受了《鄭州晚報》專訪，稱《河南商報》有把握、有信心堅持到最後，呼籲主管部門做出進一步舉動，給消費者一個交代。他同時聲稱，巨能公司明知產品中含有過氧化氫卻隱瞞事實，實際上是對消費者的一種欺騙。

11 月 22 日《鄭州晚報》發表了《巨能鈣事件疑點重重鄭州市場銷售幾乎停頓》為題的質疑：

通過梳理連日來關於巨能鈣和巨能公司的報導，本報記者發現了諸多疑點。其一，在 11 月 19 日的新聞發佈會上，巨能公司總工程師劉志革稱，巨能鈣確實含有雙氧水，巨能鈣在生產過程中由於技術要求，需要添加雙氧水進行消毒，受到技術限制最終產品中會帶有一些雙氧水成分。但在 11 月 20 日新浪聊天中，該公司董事長兼總經理李成鳳稱，巨能鈣在生產過程中沒有添加雙氧水。為什麼會出現這種前後矛盾的聲音？其二，衛生部衛生監督中心在接受記者採訪時表示，他們正在調閱當初巨能鈣申報的資料，將會同其他部門對此事進行調查。

該中心表示，國家對雙氧水的使用範圍、使用量有嚴格控制，如果食品、保健品中含有雙氧水，報批時一定要事先告知主管部門。巨能鈣在 1996 年最初申報時，是否將含有雙氧水成分列入申報資料這個關鍵問題不得而知。其三，該公司聲稱添加雙氧水是技術需求，但出現了有的巨能鈣檢測出雙氧水而有的卻沒有雙氧水的現象？既然有的產品沒有被檢測出雙氧水，那巨能公司聲稱的技術需求就值得懷疑？……

11 月 23 日，中央電視臺播出了巨能公司負責人當著記者面大吃巨能鈣的節目。面對記者，天津巨能化學有限公司總經理張興遠當場一次服用了 6 片巨能鈣。據張介紹，他每天都吃巨能鈣，已經食用 8 年了。

11 月 23 日下午，一位知情人向《市場報》爆料稱巨能鈣涉嫌用工業雙氧水代替食用級雙氧水。王先生透露，1996 年巨能鈣公司剛成立時，其食用級雙氧水的原料來自於天津東方化工廠，當時食用級雙氧水的市場價格為 3800 元/噸。1997 年下半年，食用級雙氧水價格漲到 6000 元/噸。此時，巨能鈣公司考慮到生產成本，選擇了河北滄州大化集團有限公司生產的工業雙氧水，因其濃度跟食用級雙氧水濃度差不多，但價格相對很低。經過記者調查，天津巨能承認使用了 35% 的工業雙氧水。

工業與食用雙氧水能否相互替代？

雙氧水依據用途分為食用級和工業級，來源不同。食用級雙氧水來源於水的電解法，可用於食品加工過程或者藥用，但是最終食品中不得檢出。而工業級雙氧水來源於蒽醌法，因為製備方法決定了工業雙氧水含有一定量的蒽、醌和重金屬等對

人體有害的雜質，蒽和醌是已經在科學上被認定的致癌物。所以工業雙氧水只能用於造紙、印染等工業。

在衛生部制定的《食品添加劑使用標準》(GB2760-1996)中，雙氧水作為食品添加劑被嚴格控制使用。作為食品添加劑的雙氧水，其使用範圍限於生牛乳保鮮和袋裝豆腐乾。其中，用於生牛乳保鮮時，嚴格控制使用量，而使用範圍限於黑龍江、內蒙古地區，如需要擴大使用地區，須由省級衛生部門報請衛生部審核批准並按農業部有關實施規範執行。對於袋裝豆腐乾，限制為 0.86g/L，並且不得被檢出有殘留量。

工業雙氧水的出現讓巨能鈣在「雙氧水風波」中越陷越深。

五、公開道歉

11 月 26 日，巨能公司在各媒體發佈致消費者的致歉信，對於此次風波對消費者所造成的影響和不便，表示誠摯歉意。同時，巨能公司「懇請消費者對巨能鈣產品繼續給予支援，耐心等待政府權威部門評價結論」。

巨能公司在這封道歉信中稱，將全力配合國家主管部門的有關調查工作，耐心等待最終報告。針對部份消費者提出的疑慮，公司開設了 24 小時諮詢熱線電話。

此外，巨能公司表示，其產品在生產之初就通過了國家各部門嚴格的審批，產品品質標準都嚴格遵守國家有關部門確定的產品標準，並先後獲得中國醫學會、中國科學技術委員會等大批權威機構的認可。

在信中，巨能公司還表示：「無論結論如何，您均可以選擇退貨或繼續使用，公司對您所採取的行為均予尊重。這一期間如果您依然存有疑慮，建議您可考慮暫時停用。」

與此同時，在幾大門戶網站和 BBS 上，網友紛紛通過發帖子等形式對巨能鈣予以抨擊，尤其對於巨能鈣採取的公關處理方式表示不滿，很多網友指出，這算什麼道歉？！是打著「道歉」之名繼續狡辯！

六、回天乏術

衛生部於 2004 年 12 月 3 日通報了「巨能鈣含過氧化氫」的有關調查結果。通報稱，近日，媒體紛紛報導北京巨能新技術產業有限公司生產的巨能鈣含過氧化氫(雙氧水)可能致癌的消息，引起社會很大反響。衛生部高度重視此事，立即向巨能鈣生產企業——北京巨能新技術產業有限公司瞭解情況，並三次組織有關專家召開專題會議，聽取專家對此事的意見和建議，同時委託天津市衛生局和北京市藥品監督局做好對企業的調查取證工作。

過氧化氫(H_2O_2)是一種強氧化劑，具有消毒、殺菌、漂白等功能，在工業及醫療領域廣泛使用。在食品工業中，過氧化氫主要用於軟包裝紙的消毒、罐頭廠的消毒劑、奶和乳製品殺菌、麵包發酵、食品纖維的脫色等，也用做生產加工助劑。同時，過氧化氫也存在於空氣、水、人和植物、微生物、食品及飲料中。

據專家介紹，聯合國糧農組織和世界衛生組織聯合食品添加劑專家委員會的安全性評估和國際癌症研究中心的研究結果表明，尚無足夠證據認定過氧化氫是致癌物。香港食物環境衛生署曾對過氧化氫殘留高達 1.5%的魚翅進行評價，但無足夠證據表明過氧化氫具有致癌性。過氧化氫本身並不穩定，在攪動、加熱或光照後容易分解成水和氧氣，國際組織均未制定固體食品中過氧化氫的測定方法。

通報稱，按照巨能鈣的推薦食用量，產品中的過氧化氫殘留量在安全範圍內。從北京市藥監局和天津市衛生局的監督檢查情況看，目前尚未發現巨能鈣生產企業存在違法行為。

國家衛生部最終證明了巨能鈣是安全的，還了巨能公司一個清白，但是消費者對巨能鈣的信心再也無法挽回，一年後巨能鈣在市場上已經銷聲匿跡。

巨能公司在整個危機公關過程中至少犯了如下五大敗筆：

一、缺乏預警機制

2004 年《河南商報》一篇《消費者當心：巨能鈣有毒》的文章說，檢測檢驗結果顯示，巨能鈣不同程度地含有過氧化氫成分。文章還說，過氧化氫對人類具有致癌、加速人體衰老、縮短人壽命等諸多危害。

「巨能鈣風波」由此引發。

綜觀「巨能鈣風波」，從巨能鈣的說明書、外包裝標註，到公司默認巨能鈣含雙氧水，直至後來強調微量雙氧水無毒，預

警機制在巨能公司顯然是不存在的。

　　事發前，巨能公司高層曾得知《河南商報》要報導此事，但沒有及時採取措施或給予合理解釋。而後作為新聞發言人甚至事前都不知道發生了這樣的事。事發之後，巨能公司也沒有達成統一的對外宣傳口徑。從後來的一系列表現來看，巨能公司準備得實在是很不充分。

　　更有甚者，巨能公司發言人甚至高層對自己產品本身都缺乏一個深入詳細的瞭解。面對採訪，竟然出現連自己都說不清的尷尬。

二、對抗媒體

　　《河南商報》作為媒體行使監督權天經地義。況且，媒體從人民生命安全的角度出發，振臂一呼，無可厚非。而被質疑的巨能公司，也許最應該採取的解決方式是積極配合媒體的質疑，做出自己應有的解釋，或者是按照跨國大公司的慣例，不管產品有沒有問題，為確保萬無一失，都應該首先停止商品的銷售，甚至「召回」。等事情確有定論以後，東山再起也比較容易。PPA 事件中的中美史克就曾如此。但是巨能公司卻把更多的精力用在了對抗《河南商報》的質疑上。

　　「巨能鈣風波」發生三天后的 2004 年 11 月 19 日，巨能公司在《人民日報》、《經濟日報》等媒體發表律師聲明。同時，巨能公司在北京召開新聞發佈會表明態度:「我相信我們的勝算是百分之百。我希望大家拭目以待！」

動用媒體力量去對抗另一個媒體，這顯然是一個錯誤的選擇。這樣的直接後果是，《河南商報》將一直參與對巨能鈣的質疑。果然，就在當天，《河南商報》對巨能公司的媒體公關發表了七點回應。

雙方陷入僵持。但是對於危機，誰都知道越短時間結束越好，越少人知道越好。巨能公司的對抗行為顯然引起了更多人對事件的關注。同時，既然同為媒體，巨能公司邀請的媒體肯定也不會正面質疑《河南商報》的行為，因為大家都缺乏權威的聲音。

由於事件產生的影響越來越大，此事引起主管部門重視。在巨能公司緊急公關當日，北京市藥品監督管理局下屬的藥品檢驗所派工作人員前往巨能公司，隨機提取了巨能鈣樣品檢驗。

三、不正視問題

「巨能鈣風波」三天后的新聞發佈會上，信誓旦旦地說，巨能鈣是嚴格按相關部門規定執行檢測程序的。巨能鈣屬於保健食品，不是藥品。巨能鈣「實際無毒」。表示「我相信我們的勝算是百分之百。」

但是一個事實是，當日 17 點，又強調「少量雙氧水無毒」。此後，巨能公司又說，中國保健協會將對「巨能鈣事件」組織專家進行專項討論。更出乎意料的是，對於巨能公司稱中國保健協會將對「巨能鈣事件」組織專家進行專項討論，11 月 23 日，中國保健協會卻稱根本沒有所謂專家討論這回事，這是巨

能公司單方面的想法，協會並沒同意。

　　巨能公司曾派人來協會要求召開專家討論會。作為行業協會，有義務在所屬企業合法權益受到侵害時採取行動，但是「巨能鈣事件」顯然並不適合。在衛生部鑑定結果出來之前，所謂專家討論也為時尚早。

四、選擇媒體失誤

　　企業的生命來源於市場。面對危機，巨能公司的第一舉措卻是求助於政治力量，但對民眾和消費者的忽視達到讓人吃驚的地步。巨能公司選擇了發佈律師聲明公告，但由於其發表的聲明是廣告性質和這兩家權威媒體的受眾對象的特殊性，其影響力並未到達消費者層面，而消費者的態度才是巨能公司最應關注的。

五、缺乏和消費者的溝通

　　「態度決定一切」，但巨能公司處理問題的態度始終缺少真誠。不僅對於媒體如此，對於終端客戶——消費者更是如此。直到2004年11月27日巨能公司才想到發佈一個向消費者道歉的公開信，但此舉不僅太晚，而且莫名其妙——沒有做錯為什麼要道歉？公關不是逃避社會責任和化解企業危機的工作。但巨能公司的舉措即便不是出自主觀故意，客觀上也引起了受眾和消費者質疑。「公關」不等於「攻關」，重點在「公共關係」，

在與受眾和消費者的關係處理上，巨能公司公關的焦點和重點始終不清楚，導致事倍功半。問題的焦點在於：對所認定的權威機構的爭議，對檢測結論的爭議，對雙氧水的危害性的認定。

　　媒體的功能是消除不確定性。「巨能鈣風波」之所以直到現在都難以平息，是因為始終沒有消除不確定性——是否含有雙氧水？雙氧水是否有毒？是否有害？在什麼程度上有害？試想，如果衛生部的調查結果能在 11 月 20 日前公佈，「巨能鈣風波」恐怕早已結束了。

心得欄 _____

_____

_____

_____

_____

_____

第 *14* 章

國內外危機管理典範案例分析

◎案例 1　行銷危機處理案例
──百事可樂針頭事件

一、案例介紹

　　1993 年夏天，為了爭奪軟飲料市場，百事可樂開展了一場名為「年輕活力，請喝百事」的行銷策劃活動。這項活動的中心是當消費者喝完百事可樂之後，可以在罐底內部看到一行字，告之是否中獎。

　　1993 年 6 月 10 日，華盛頓州 Fircrest 地區的一對夫婦指控說他們在購買的一瓶罐裝無糖百事可樂(DietPepsi)中發現了一支注射器！並將有關的物證交給了自己的律師，並且上報當地衛生部門。電視臺將這一事件公佈的第二天，鄰近 Tacoma 地區的一位元婦女也報告說她在一瓶無糖百事可樂罐中發現了一

支皮下注射器的針頭！很快，這兩起百事可樂事件經由美聯社開始在全美範圍內廣泛報導，引起極大震動。

6 月 13 日，食品與藥品管理局(TDA)局長 David Kessler 警告華盛頓、俄勒岡、阿拉斯加、夏威夷以及關島地區的消費者要「仔細檢查無糖百事可樂罐是否有破壞痕跡，並將飲料倒入杯子後再飲用」。

到 6 月 14 日星期一，全美國已經有 8 位消費者報告說在他們的百事可樂罐中發現了注射針頭。星期一中午，美國有線電視新聞網(CNN)報導了一位元新奧爾良的居民在他的百事可樂罐內發現注射針頭的故事。當天晚上，百事可樂針頭事件開始在美國各大電視臺的黃金時段播出，成為當天的重要新聞。

6 月 14 日，從路易斯安那到紐約，從密蘇裏到俄亥俄州，從費城到南加利福尼亞，全美很多地方都出現了同類百事可樂飲料污染情況的報導。

到了 6 月 15 日星期二，全美國又有 10 多個人聲稱在百事可樂的罐裏發現了各種物品，這些物品包括縫紉針、紀念章、螺釘、子彈，甚至一個破碎的裝可卡因毒品的小瓶。

雪上加霜的是，百事可樂還陷入了一場從未經歷過的媒體風暴：

一個陷入驚恐的公司正在為自己的名譽而戰。——《紐約郵報》

食品與藥品管理局告誡無糖百事飲料消費者。——美聯社

無糖百事飲料消費者被警告小心垃圾食品。——《今日美國》

無糖百事沒有任何召回計劃。──《紐約時報》

一時間，百事飲料污染事件佔據了所有全國性媒體，並連續三天成為晚間新聞和網路早間節目的頭條。全國各地的地方新聞則將它們的鏡頭對準當地的百事罐裝廠。

1.危機處理過程

⑴成立危機處理小組

6月14日上午，百事可樂公司危機處理小組正式運轉，小組成員有百事可樂的總裁、主管公共關係的副總裁、公司法律顧問以及其他公司高級主管。危機小組成員開始收集有關針頭事件各方面的報導，並決定以傳媒的方式來處理這場危機，為此，公司總裁和6人公關小組一天20小時要回答處理近百個質詢請求。

⑵注重溝通，正面面對媒體

百事可樂主管公共關係的副總裁說：「當你被媒體審判的時候，你必須同樣使用媒體作為武器。」

危機處理小組在公司的電視演播室裏設立了危機處理總部。

6月14日晚上，百事可樂的總裁同美國食品與藥品管理局局長通了電話，兩人一致同意百事可樂沒有必要把它的飲料從市場上「召回」。百事可樂總裁解釋說，這次事件和強生製藥泰諾事件有著本質的不同，泰諾事件導致5人死亡，而百事可樂針頭事件卻沒有任何人受到傷害，並且即使不進行產品召回，依然不會有人因此而受到傷害。

6月14日，百事可樂公司對罐裝廠商和總經理發佈了一份

「消費者諮詢內部說明書」,介紹了對之前幾起指控事件的初步調查結果:

第一,發現的注射器是糖尿病注射胰島素專用,我們的生產工廠從來沒有這些東西。

第二,所有百事可樂罐都採用了新包裝,從來沒有重複利用或重新加罐。生產過程中有兩道外觀檢查程序:第一道是在加注飲料之前,第二道是瓶罐在加注生產線過程中,然後這些瓶罐才會被封蓋。

⑶運用多種手段證明產品品質的可靠

百事可樂的危機處理小組必須讓人們相信百事可樂的生產線是安全的,是無法被人為破壞的。百事可樂的危機處理小組決定通過各種圖像的方式來說服大眾。

①媒介策略

百事可樂的媒介策略集中於電視傳播上。百事可樂認為傳統平面媒體的作用有限,於是公司傳播主管決定舉辦一個巨大的新聞發佈會,通過衛星畫面向全美電子媒體提供信息以表明百事可樂在這一污染事件中的立場。

a.第一篇視頻新聞稿(VNR)介紹的畫面是公司正在運作的高速罐裝生產線,由一位工廠經理做畫外音解說,突出介紹生產過程高速、安全、流暢的特點,發生產品污染的可能性微乎其微。該新聞稿的目的就是要說明罐裝過程是安全的。這篇 VNR 在全美 178 個地區的 399 家電視臺播放,收看人數高達 1.87 億(高於同年超級杯比賽的收看人數)。

b.第二篇 VNR 拍攝的是公司總裁 Weatherup 以及另外一組

生產鏡頭，以介紹謊報百事可樂飲料污染的第一次拘捕行動為要點來加以證明：

- 不同城市間對無糖百事可樂罐中發現注射器的指控相互沒有任何關聯；
- 污染行為有在飲料罐被打開後發生的可能；
- 軟飲罐是食品類產品中最安全的包裝形式之一；
- 沒有召回產品的必要。

這盒錄影帶在 136 個地區的 238 家電視臺播放，觀看人數為 31000 萬人。

c.第三篇 VNR 以總裁 Weatherup 口述的形式，播放了一家便利店的監視攝像頭拍下來的一名婦女正往一瓶打開了的無糖百事可樂罐中塞注射器的畫面。Weatherup 在 VNR 中對消費者的支持表示感謝，又宣佈了幾宗新的謊報拘捕行動，並再次明確表明百事可樂公司沒有召回產品的決定。這家便利店的監視畫面在 159 個地區的 325 家電視臺播出，有 9500 萬人觀看，真正扭轉了百事可樂公司的「驚恐」形象。

②與政府聯手出擊

與其他消費品廠商對監管機構持對立態度不同，百事可樂公司對食品與藥品管理局的調查全面合作。6 月 15 日的晚上，百事可樂總裁和美國食品與藥品管理局局長共同出現在黃金時段的新聞評論節目中，他們宣佈一名男子因為對百事可樂做出不實的指控而被逮捕，並且強調如果虛假指控產品有問題，最高的懲罰可被判 5 年徒刑，並處以 25 萬美元罰款；同時，百事可樂的總裁向電視觀眾保證將盡全力調查針頭一事，給消費者

一個交代。電視節目裏，百事可樂的總裁透露，根據罐頭的編號，那些據稱有問題的飲料有的是在幾天前出廠的，有的卻是在半年前就已經出廠了，而所有這些時間上相差那麼長的飲料，卻在一個星期內都出問題，而且都稱是罐內有注射針頭，在統計學上發生這類事情的概率是很小的。百事可樂提出了有人爲了獲利而進行模仿欺騙的說法。

食品與藥品管理局除了對西北太平洋地區的消費者發出警告之外，Kessler 局長也表示，這起污染事件存在惡意破壞的可能。後來，Kessler 先生還與總裁 Weatherup 一道亮相 Nightline 節目並宣佈「市場已經恢復平靜⋯⋯產品沒有召回的必要」。

6 月 17 日，Kessler 局長在華盛頓特區舉行新聞發佈會，明確將這起事件定性爲「騙局」，是「具有誤導作用的個人行爲，媒體爲吸引注意力誇大報導並引發大量惡意模仿行爲」的結果。

6 月 21 日，百事可樂公司總裁 Weatherup 致信總統克林頓，感謝 Kessler 局長的「出色工作」以及食品與藥品管理局「在揭穿這場污染產品騙局中的出色表現」。

③信息公開制度

在僱員關係上，包括對公司內部職員和罐裝廠商，百事可樂公司都採取了一種開放的信息披露政策，即在第一時間向大家全面披露事件的最新進展。公司的消費者顧問每天至少一次、危機時期則是每天 2～3 次趕赴公司 400 家罐裝現場，向廠商和總經理介紹組織的最新舉措以及公司的回應情況。儘管有評論家不斷催促百事可樂公司召回所有產品，公司仍然堅持他

們的灌裝技術絕對安全可靠。公司向消費者保證:「我們有 99% 的把握,確信任何人都不可能打開飲料罐,然後再完好無損地重新封裝好。」此外,因為「那兩起事件並沒有對當事人和大眾的健康造成任何損害」,公司便請它的罐裝廠商和總經理不要將飲料從商店貨架上撤掉。此外,顧問們還向工廠經理就如何根據《產品污染處理指南》與自己的僱員和消費者溝通等問題提供建議。

危機發生期間,公司總裁 Weatherup 也定期以個人名義致信給罐裝廠商和總經理,確保他們掌握事件最新動態。當獲得便利店的監視錄影帶後,Weatherup 先生連夜將該錄影帶和 Kessler 局長在新聞發佈會的視頻錄影寄給所有百事罐裝廠商,並建議他們「將這些信息和消費者共用」。

6 月 18 日,百事可樂的聲譽和產品遭受嚴重挑戰的一個星期後,百事可樂公司借助一則全國性的廣告宣佈自己的勝利:「美國人知道,那些關於百事可樂的故事都是編造的。平實而簡單的故事,但是都不是真的。」

2.結果

在 FDA/OCI 逮捕了 55 位與這起事件相關的犯罪嫌疑人之後,百事可樂公司不僅毫髮無傷地走過了媒體風暴,維護了自己的聲譽,公司的銷售額更令人驚喜。根據總裁 Weatherup 的報告,雖然在危機最高峰時公司銷售額下降了 3%,損失約 3000 萬美元,但 7 月和 8 月百事可樂的銷售額提高了 7%,創造了 5 年來的最佳銷售紀錄。

百事可樂針頭危機事件結束後,有關的調查顯示:94%的消

費者認為百事可樂公司對於危機處理得當，3/4 的消費者認為百事可樂解決問題的方式得當，他們對百事可樂飲料更有信心，並且更願意購買它的產品。百事可樂公司也被廣泛評價為一個堅守產品召回底線、維護自身聲譽和誠信的先驅典範。

二、管理啟示：尋找危機的突破口

百事可樂針頭危機事件是任何一個組織都有可能遇到的，組織處理這樣的危機的時候應根據危機的具體情況，找出處理危機的突破口。

百事可樂公司之所以能夠比較迅速平穩過渡危機事件，其成功之處主要在以下幾方面：

1.迅速成立危機小組，全面展開危機自救工作。

2.組織的最高管理層高度重視，全程指揮和投入到危機處理過程中。

3.準確識別危機的性質，並抓住解決危機的突破口，選擇正確應對危機的手段(電視)。

4.積極尋求政府有關部門的支持，和美國食品與藥品管理局合作並且採納其建議。

5.堅持信息披露制度，坦誠面對公眾與媒體，完全迅速地展示事實真相。包括堅持產品品質的可靠和展示拍攝到的有人打開一罐百事可樂並將東西放進去的鏡頭。

6.堅持溝通的原則，取得經銷商的大力支持。

◎案例 2　勇於承擔責任──強生「泰諾」案例

「泰諾」是美國強生公司生產的治療頭痛的止痛膠囊商標，是一種在美國銷路很廣的家庭用藥，每年銷售額達 4.5 億美元，佔強生公司總利潤的 15%。

一、案例介紹

1982 年 9 月 29 日凌晨，伊利諾州鹿林鎮 12 歲的小女孩瑪麗·克萊曼因感冒服用一粒泰諾速效膠囊後猝死。同一天，附近阿靈頓鎮 27 歲的郵遞員亞當·詹諾斯也莫名死亡，醫生宣佈是死於心臟病。當天晚上，亞當悲痛的家人聚在一起，商量如何為他辦理後事。亞當 25 歲的弟弟斯坦利及其 19 歲的新婚妻子特麗莎因為難過，加上忙了一天，感到有些頭痛，斯坦利在亞當的櫥櫃上看見一瓶速效泰諾膠囊，就拿出一粒自己吃了，又給妻子吃了一粒。沒過幾分鐘，悲劇再次重演，斯坦利當天即告不治，而他的妻子兩天后也隨他而去。兩個小鎮一天死了 4 個人，這種駭人聽聞的事情一下子成了當地的社區新聞。人們議論紛紛，各自揣測事情的真相。消防員菲力浦和朋友理查·肯沃斯閒談時，偶然提到小瑪麗死前吃過速效泰諾膠囊，於是理查開玩笑地說:「也許她是吃泰諾吃死的吧？」一語驚醒夢中人，菲力浦認為不是沒有這個可能，他立即打電話給仍在亞當

家忙活的急救人員，詢問亞當死前有沒有吃過泰諾。結果當然令他大吃一驚：4 名死者死前全都吃過這種當時頗為普遍的鎮痛藥。菲力浦報了警，警方則馬上趕到亞當家，取走了那個可疑的藥瓶。第二天，菲力浦和理查的預感被證實了：毒物專家邁克爾‧夏弗爾檢查了瓶中的膠囊，發現內含大約 65 毫克的氰化物，足以置 10000 個成人於死地，而受害者血樣檢驗結果也證實了這一消息。

泰諾的製造商、強生子公司邁克耐爾消費品生產公司很快知道了這個不幸的消息，並馬上做出反應，自 1982 年 10 月起大規模回收這種泰諾膠囊，但是這些努力還是沒有來得及挽回另外 3 個服用泰諾膠囊的受害者的生命。

短短 2 天，泰諾膠囊就殺死了 7 條人命。隨著新聞媒介的傳播，傳說在美國各地有 25 人因氰中毒死亡或致病。後來，這一數字增至 2000 人。這些消息的傳播引起約 1 億服用泰諾膠囊的消費者的極大恐慌，一時間輿論譁然，醫院、藥店紛紛把它掃地出門。民意測驗表明，94%的服藥者表示今後不再服用此藥，強生公司面臨一場生死存亡的巨大危機。

二、危機處理過程

面對這一嚴峻局勢，強生公司採取了以下決策。

1.立即成立危機處理小組

強生公司成立了以公司董事長伯克為首的 7 人委員會，成員中有一名負責公關的副總經理。危機初期，委員會每天開兩

次會，對處理「泰諾」事件進行討論決策。

2.堅守信用，限期召回全部產品

經過調查，雖然只有極少量藥(75 粒膠囊)受到污染，但公司決策人毅然決定在全國範圍內立即收回全部「泰諾」止痛膠囊(在 5 天內完成)，同時，公司還花費 50 萬美元通知醫生、醫院、經銷商停止使用和銷售。強生公司做了 2500 多家媒體諮詢和 1～25000 份相關主題的報導，檢驗了大約 800 萬片藥片，共發現 75 片含氰化物——這些全部來自芝加哥的同一樣本。強生公司核對總和銷毀了 2200 萬瓶泰諾，其成本超過了 1 億美元(全部危機管理成本為 5 億美元)。這一決策表明強生公司堅守了自己的信用——「公眾和顧客的利益第一」，不惜做出重大犧牲以示對消費者健康的關切和高度責任感。這一決策立即受到輿論的廣泛讚揚，《華爾街日報》稱:「強生公司為了不使任何人再遇險，寧可自己承擔巨大的損失。」

3.積極配合政府相關部門的檢查

敞開公司大門，積極配合美國食品與藥品管理局的調查，在 5 天時間內對全國收回的膠囊進行抽檢，並向公眾公佈檢查結果。在事態穩定之後響應政府號召，率先採用藥品新包裝。「泰諾」事件發生後，美國政府和芝加哥地方當局發佈了新的藥品包裝規定。強生公司抓住這一良機，進行了重返市場的公關策劃，並為「泰諾」止痛藥設計了防污染的新式包裝，重將產品推向市場。

4.坦誠與新聞媒體溝通

強生公司與新聞媒介密切合作，以坦誠的態度對待新聞媒

體，迅速地傳播各種真實消息，不論是否對自己有利。1982 年
11 月 11 日，強生公司舉行了大規模通過衛星轉播的記者招待
會。會議由公司董事長伯克親自主持，他感謝新聞界公正地對
待泰諾事件，介紹該公司率先實施「藥品安全包裝新規定」，推
出泰諾止痛膠囊防污染新包裝，並現場播放了新包裝藥品生產
過程錄影。這次招待會發佈的泰諾止痛膠囊重返市場的消息傳
遍全國，美國各電視網、地方電視臺、電臺和報刊廣泛報導，
轟動一時。在一年的時間內，泰諾止痛膠囊又佔據了大部分的
市場，恢復了其事件前在市場上的領先地位，強生公司及其產
品重新贏得了公眾的信任。

三、管理啟示

危機處理是考驗組織文化的重要時刻，組織必須承擔起對
社會公民的責任。同時，組織的危機管理恢復戰略也很重要。
強生公司設計了不易污染的產品包裝，將膠囊包裝變成固體或
頂上加蓋的包裝。通過尋找機會在此形勢下取得收益，強生能
把安全設計和行動聯繫在一起，使強生成爲公眾健康的保護
者，提高了公司的良好形象，結果在價值 1 億美元的止痛片市
場上擠走了它的競爭對手，僅用 5 個月的時間就奪回了原市場
佔有率的 70%。

泰諾案例成功的關鍵是因爲強生公司有一個「做最壞打算
的危機管理方案」。該計劃的重點是首先考慮公眾和消費者利
益，這一信條最終拯救了強生公司的信譽。強生處理這一危機

的做法成功地向公眾傳達了組織的社會責任感，受到消費者的歡迎和認可。強生還因此獲得了美國公關協會頒發的銀鑽獎。原本一場「滅頂之災」竟然奇蹟般地為強生迎來了更高的聲譽，這歸功於強生在危機管理中高超的技巧。

◎案例 3　坦誠面對──Valu Jet 從重大的空難中復原

對任何公司來說，最嚴重的悲劇莫過於看到因為使用自己的產品而造成人身傷亡了。空難對航空公司來說處理不慎不僅損失嚴重，而且很可能就此一蹶不振，而 Valu Jet 航空公司卻依靠坦誠和毅力渡過了危機。

一、案例介紹

1996 年 5 月 11 日，當 Valu Jet 航空公司的一架班機墜落到佛羅里達州南部爬滿鱷魚的沼澤中後，該公司選擇了許多組織都曾採用過的方式：以坦率、誠實以及人性關懷的態度來面對這次難以言表的災難事件。在那次飛機失事中，Valu Jet 航空公司損失了一架飛機，機上包括 5 名機組人員在內的 110 人全部遇難。

二、危機處理過程

1.及時迅速召開新聞發佈會

Valu Jet 航空公司的首席執行官路易士・喬丹(Lewis Jordan)是在帶領一群公司員工為名為「人類棲息地」的慈善組織興建慈善房屋時接到緊急救援的信號的。溝通主管向喬丹先生的傳呼機上發來了意味著緊急救援的「911」信號,喬丹本能地意識到,一定不是好消息。他立即跳上車,迅速開往位於亞特蘭大機場附近的公司總部。當他到達公司與緊急任務小組成員會面後,才知道最糟糕的事情發生了。Valu Jet 航空公司損失了一架飛機,機上包括 5 名機組人員在內的 110 人無一生還,其中還有由喬丹親自僱用的機長。

雖然喬丹自己當時所掌握的信息也不太多,但是大約 2 個小時後,他脫下了西裝,穿上公司的藍色工作服,匆匆召開了一個新聞發佈會。他決定儘快將自己所知道的一切信息告訴公眾。喬丹很清楚,這樣做很容易陷入太早面對公眾、對媒體太公開等諸多的陷阱,也可能會遭遇很多尖銳的問題,但他決定不遮掩任何問題,不拒絕回答任何問題,並且不打斷任何人的提問。「相反地,我決定儘量延長新聞發佈會的時間,那怕這將意味著我必須對同一個問題回答 10 次。我在航空業已經待了很長時間,我當然知道航空公司應該承擔的法律責任是大家關注的重點。我也理解會有很多與財務、保險等各個方面相關的問題,這才是最重要的。我深信,如果問及 Valu Jet 航空公司是

如何看待這次危機的話，有一點對我來說是非常肯定的，那就
是我們永遠會將對人的關愛置於所有事情之上。」

2.按照危機優先次序處理危機

喬丹將所有需要應對的緊急情況和需要做的事情排定一個
優先次序，並於星期天淩晨 2 時，搭機前往邁阿密，出席一個
在早晨舉辦的媒體吹風會，然後參加一個家庭聚會。

此時，最需要關心的是那些在此次空難中失去親人的家庭
成員們。這位 Valu Jet 航空公司的總裁說：「我作為公司員工
的總裁，對事故負有責任。對於公司所在社區的人們，我同樣
有責任就他們關心的問題提供答案。當空難的消息還在廣泛傳
播之時，我們公司的另外 50 架飛機仍然在運營。我有責任站出
來，公開地對公眾說明我們已經瞭解的以及那些我們目前還不
太清楚的所有情況。有鑑於此，我認為，必須先召開一次簡短
的新聞發佈會，然後再離開亞特蘭大,只有這樣做才是明智的。」

3.總裁親自擔任公司首席新聞發言人

喬丹很重視媒體的作用並親自擔任公司首席新聞發言人。
他說:「我認為自己是當仁不讓的最佳人選。」航空工程師出身
的喬丹，在航空業有著 30 多年的從業經驗，此外還有豐富的經
營和維修的經驗。事實證明，他是最適合的首席新聞發言人。

空難發生之後，路易士·喬丹立即展開了積極的「一人攻
勢」來挽救公司的聲譽。但政府考慮到空難所造成的影響，還
是勒令 Valu Jet 航空公司的飛機暫時停飛。

喬丹對於此間的有些新聞報導特別憤慨，特別是那些「對
這件事情匆匆下結論」的報導。他強烈要求媒體表現出克制，

少對空難原因進行臆測。但是在空難剛剛發生後的最初 48 個小時中，有關造成空難原因的猜測性報導充斥全國。有些報導稱：「這些是已經服役了 26 年的飛機，這次肯定是老舊飛機超期服役造成的災難。」另外一些報導指出：「眾所週知，Valu Jet 航空公司規定，飛行員需要自行支付其培訓費用。」還有些人則質疑普惠公司生產的飛機發動機，稱這種發動機曾經在其他飛機上也出現過問題。喬丹認為，所有的報導都是「不公正的，特別是對那些急需瞭解事情真相的罹難者家庭來說，更是如此」。事件過後的調查顯示，是一個因為打錯標記而被放置在了貨艙中的易燃品容器引致這次空難。

4.對媒體報導表現出克制、配合的態度

儘管媒體的報導存在很多錯誤，Valu Jet 航空公司和喬丹在與媒體打交道的時候還是採取了開放與合作的態度。在評論那些報導的時候，喬丹說：「其實有些媒體人士還是相當有水準的。他們不僅客觀、公正，而且極富同情心。他們很瞭解我們所經歷的考驗有多嚴峻。他們中有很多人都在新聞發佈會後站出來與我們握手，鼓勵我們：「我們會支援你們，與你們站在一起，你們的表現很不錯！」與此同時，包括前任美國政府航空監察委員瑪利・斯基沃(Mary Schiavo)在內的很多批評家和資深記者，紛紛指責 Valu Jet 航空公司採取的是下下之策。Valu Jet 航空公司面對這些批評時表現得十分克制，他們選擇不去正面回應，而是間接指出這些推斷沒有事實根據。

5.隨時與員工溝通

在整個危機過程中，發動了所有員工，鼓勵他們積極參與，

共同幫助公司渡過危機。公司從一開始就採用了內部通信、內部傳真以及即時更新的語音信箱留言等多種形式，迅速及時地讓公司主要經理們能隨時瞭解相關信息。此外，喬丹要求，發送給全公司所有員工的語音郵件，每週至少更新一次。

6. 始終體現出對遇難者家屬的誠摯關懷

事情過去之後，喬丹還不斷向那些遇難者家庭表示誠摯的關懷，同時堅信，作為一家航空公司，Valu Jet 航空公司一定能走出低谷。

儘管遭受了許多明顯不公平的對待，Valu Jet 航空公司最終成功地重回藍天，緩慢、穩健而持續地擴大著航線，並且重新贏得了顧客們的信心。1997 年，Valu Jet 與原美國穿越航空公司 (Air Tran Airways) 合併，並明智地同意合併後的新公司將沿用「美國穿越航空公司」的名字。

三、管理啟示

Valu Jet 航空公司在這次空難中雖然遇到了各種各樣的困難，但是它從不輕言放棄，而且在公司最困難的時候，全體成員都能夠以坦誠的態度面對現實，同舟共濟，這是一個企業起死回生的根本。正如事後喬丹指出的那樣，是公司 4000 名員工的鼎力支持，才使得 Valu Jet 能在「大難臨頭」之際仍能持續運作。到了 1997 年夏天，Valu Jet 航空公司的業務又恢復到了空難發生前一半的規模，全部航線恢復正常運營，公司 2000 名員工、31 架飛機，提供著往來 24 個城市的航空服務運營。

此時，即使是最爲苛刻的產業評論家也不得不承認，航空公司
和喬丹在面對極其險峻的形勢和可能招致公司崩潰的危機及責
備時，表現出的危機意識和挽救危機的能力十分出色。

◎案例 4　埃克森原油洩漏事件

埃克森公司是世界上最大的跨國石油公司之一，其前身可
追溯到 J. D. 洛克菲勒於 1882 年組建的新澤西標準石油公司。
它在美國 500 家大企業中居第三位，1995 年全球十大公司排名
榜上居第九位。銷售總額達 1000 億美元，純利潤達 50 億美元。
1995 年埃克森公司的資產爲 2432 億美元。每天有 600 萬名顧
客在埃克森的 4.1 萬個加油站加油，巨型油輪來往穿梭在各大
洋海域港口之間，生意十分紅火。在 1999 年美國《財富》雜誌
埃克森公司位居第八位，在石油公司中排在第一位。

一、案例介紹

1989 年 3 月 24 日，美國埃克森公司的巨型油輪「伐耳迪
茲號」在阿拉斯加州觸礁，800 多萬加侖原油洩出，形成一條
寬約 1 公里、長達 8 公里的漂油帶。這裏是美國和加拿大的交
界處，事故發生後，大批魚類死亡，岸邊礁石上沾滿油污。純
淨的生態環境遭到嚴重破壞，附近海域的水產業受到很大損失。
事故發生以後，地處較偏僻的阿拉斯加地區很少有記者光

顧，偶爾有幾個，也只是隨便地拍幾張照片，報導的只不過是一般性的洩油事故。

環境保護組織對這一突發事件感到傷心，加拿大和美國當地的地區和更高一層的政府官員敦促埃克森公司儘快採取有效措施解決這一難題。

然而埃克森公司卻無動於衷。它既不徹底調查事故原因，也不採取及時有效的措施清理洩漏的原油，更不向加拿大和美國當地政府道歉，致使事態進一步惡化，污染區域繼續擴大。

埃克森公司對原油洩漏的傲慢無禮的惡劣態度激怒了美國和加拿大地方政府、環保組織以及新聞界。他們聯合起來發起了一場「反埃克森運動」，指責埃克森公司不負責任，企圖蒙混過關。各國新聞媒體，包括電視臺、電臺、報紙、雜誌動用了所有的媒介手段，向埃克森發起進攻：他們從世界各地紛至而來，拍攝大量事故現場的照片，配上文字說明，進行現場報導。

事件發生後三個星期，埃克森公司董事長勞爾才去了事故現場，埃克森公司就此事向公眾道歉，但沒有承攬事故責任。由於埃克森公司後來發佈的系列聲明與其他業內消息人士提供的信息不一致，對該公司的批評之聲更是不絕於耳。

各國新聞媒介群起而攻之；國際環境保護組織的尖銳批評，驚動了老布希總統。3月28日，老布希總統派遣由運輸部部長、環境保護局局長和海岸警衛隊總指揮組成特別工作組，前往阿拉斯加進行調查。此時，埃克森公司油輪洩出的原油已達1000萬加侖，成為美國歷史上最大的一起原油洩漏事故。

經過週密調查得知，這起惡性事故的原因是船長飲酒過

量、擅離職守，讓缺乏經驗的三副代為指揮造成的。24 日中午
事故發生時，該船船長因飲酒過量而不在駕駛艙，油輪由未經
海岸警衛隊認可的三副駕駛。調查結果一經公佈，輿論為之譁
然。埃克森公司陷入極為被動的境地之中，組織形象遭到損害
的危機不可避免地出現了。在社會各方面的譴責聲中，埃克森
公司被迫用重金請工人使用高壓水龍頭、蒸汽沖洗海灘。

　　海灘的清理工作進展緩慢，僅此一項埃克森公司就付出了
幾百萬美元，加上其他的索賠、罰款，埃克森公司的損失高達
幾億美元。更為嚴重的是，埃克森公司的石油財閥首領形象受
到嚴重的破壞，西歐國家和美國的一些老客戶紛紛抵制其產
品，轉而購買皇家殼牌產品。

二、教訓

　　埃克森公司的危機處理是一次典型的失敗危機管理案例，
失敗之處主要表現為如下幾點：

1. 沒有在最短的時間內組織起危機處理小組

　　反應速度在任何公關危機的處理過程中都是非常關鍵的。
在漏油事故後的幾天到幾個星期中，很多問題都湧現出來。但
是公司的高層在事故發生後一個星期都未能組織起危機處理小
組，沒有新聞發言人，導致他們公開發言的時候前後矛盾。

2. 未能與新聞媒介及時溝通

　　埃克森公司在事故發生後的 10 多天中用整幅廣告證明自
己已迅速有效地做出反應，可媒體報導卻與埃克森公司的廣告

大相徑庭。

3.推脫責任

埃克森公司首先指責州和美國聯邦政府延誤清除油污,這些言行激怒了很多消費者。包括勞爾在接受哥倫比亞廣播公司《早間新聞》欄目採訪時也是矢口否認他對油污清除工作的責任,這更打下了該公司漠視公眾利益的烙印。

4.沒有抓住危機管理主動權

由於使用通信工具不當,埃克森公司選擇小鎮作為通信中心,而小鎮的通信方式有限,埃克森公司從而錯失了獲取危機管理主動權的機會。

三、管理啟示

埃克森公司阿拉斯加災難的教訓在於:公司危機管理計劃缺失。

一般而言,當災難性事故發生時,人們的第一反應是震驚,公眾急於想知道如下幾點內容:

(1)公司是否嘗試並阻止事故蔓延?

(2)公司現在是否盡可能快地採取了可能的補救措施?

(3)公司對發生的事故是否很在意?

如果當時公司有切實可行的危機管理計劃,能夠採取合適的措施來表示對事態的關注並及時向公眾溝通事故處理情況,就會贏得人們的理解。

埃克森公司有三個致命的漏洞:

(1)忽視危機。埃克森公司主席勞爾聽到大批原油洩漏事故後沒有乘坐首次航班前往阿拉斯加，而面對公眾他也沒有說明危機的嚴重性。

(2)未能與政府合作。在知曉危機的本質之後，公司應在 24 小時內在紐約建立危機管理指揮中心收集信息，還應該建立政府聯絡辦公室，以簡要傳達公司所做的努力，並尋求政府支持。

(3)未建立通暢的溝通管道。紐約的交換中心每天至少有兩次簡報對目前動態進行說明，至少有一份每日簡報由勞爾親自負責。另一份應是通過通信衛星轉播的、有美國埃克森運輸隊參加的記者招待會。

◎案例 5　瑞典「紅牛」事件

一、決策背景

相對於假冒偽劣產品而言，企業自身產品的安全性有著更強的隱蔽性，這類危機的普遍特點是產品本身並沒有問題，只是在特定情況下出現危機。這種危機一出現，會極大地挫傷公眾對企業產品的信任，如果處理不好將導致企業迅速失去市場。

2001 年 7 月中旬，瑞典公佈的一份官方報告指出，他們正在調查 3 名瑞典年輕人懷疑因喝了紅牛飲料而死亡的事件。據調查，這 3 名瑞典人中有兩個人是在喝過摻有酒的紅牛飲料後死亡的，而另一個人是在繁重工作後，連喝了數罐紅牛飲料，

之後因腎衰竭而導致死亡。

不到幾天，馬來西亞衛生部宣佈，由泰國進口的藍字品牌罐裝紅牛飲料和奧地利進口的藍色罐裝紅牛飲料全面禁止在馬來西亞出售。紅牛功能飲料誕生在泰國。已經擁有 30 多年歷史，銷售遍及歐洲、美國、澳大利亞等 30 多個國家和地區的泰國紅牛維他命飲料公司，遭受了歷史上鮮見的重大危機。

二、決策分析

紅牛飲料是一種功能性飲料，它的主要成分有維生素 B_6、維生素 B_{12}、肌醇、牛磺酸、咖啡因和一些人體必需的氨基酸。這些成分表明，各功能成分均有益於人體，但同時也表明飲用過量對人體並沒有好處。尤其還有不少專家認為功能性飲料提供的「精力」確實含有綜合性興奮劑，例如咖啡因或含有刺激成分的植物提煉劑。

紅牛飲料雖然自發明至今已有 30 多年的歷史，產品也行銷 50 個國家和地區，年銷量達到數十億罐，從未收到有關危害健康的投訴，也無任何一個國際權威機構證明紅牛有害健康。但是，如果飲用紅牛飲料恰巧導致了病人的死亡，那怕紅牛飲料不是死亡的主要原因，甚至與死亡毫無關係，由於人們對紅牛飲料安全性的懷疑，就很容易將死亡歸罪於紅牛飲料，這樣紅牛公司就會不可避免地面臨危機。由於人們對紅牛飲料安全性的懷疑，紅牛飲料具有一定的安全危機風險。紅牛公司在進行危機風險識別時，就應該考慮到這種產品的安全危機風

險。而且，也應該能識別出這種安全危機風險，因爲有一些飲料和保健品生產企業曾經出現過這樣的危機。

最可能發生的情況是，紅牛公司在對產品的安全危機風險評估中，低估了這種危機風險。從案例中可以看出，紅牛公司對出現紅牛飲料的安全危機沒有太多的準備，說明紅牛公司的危機風險識別或危機風險評估存在一定的問題。

三、決策行動

1.利用媒體向公眾澄清事實

2001 年 7 月 24 日下午，紅牛維他命飲料有限公司與新聞媒體懇談，對沸沸揚揚的所謂「瑞典紅牛風波」做出回應。公司聲稱：向消費者負責是紅牛公司的一貫宗旨，公司置消費者利益於第一位。過去，「紅牛」從未發生過任何品質問題，今後也將更加嚴把品質關。將來一旦有任何品質問題，紅牛公司將負完全責任。

紅牛公司還指出，作爲一種精心配製的功能性飲料，紅牛所含各種成分具有不同功能效用，並通過相互間的協同作用，幫助飲用者消除疲勞、提神提腦、補充體力。

詳細研究這些成分(罐側明示)，比如維生素 86 能促進新陳代謝、抗貧血、結石、結核病和神經系統紊亂；維生素 B12 有助於保護神經組織、促進新陳代謝、抑制貧血；肌醇可以減少血液中的膽固醇和膽鹼的結合，預防動脈性脂肪硬化、保護心臟和肝臟，大家都知道紅牛中含有的維生素是人體內不可缺少

的營養成分。紅牛還含有一些人體必需的氨基酸，如賴氨酸具有促進蛋白質合成的功能。可以改善腦功能、抗氧化的牛磺酸更是人體內不可缺少的營養成分。除了這些成分，紅牛中還含有咖啡因 50 毫克，該含量低於一杯咖啡或袋泡茶。成分表明，各功能成分均對身體無害。

2.積極進行溝通

紅牛公司積極地向政府有關職能部門、行業協會進行彙報，同時也更加歡迎各部門、協會及新聞媒體加強對紅牛產品的監督並及時發佈客觀公正資訊。

紅牛此次的新聞懇談收到了一定效果，不少媒體都報導了新聞懇談的內容，許多報紙對紅牛都做了肯定的結論。

四、決策評價

哈佛大學企業管理專家湯姆金認為，一般企業處理此類危機正確的做法大體有三步：一是收回有問題的產品；二是向消費者及時講明事態發展情況；三是儘快地進行道歉。以此對照，可以看出紅牛第一點並沒有照辦，當然在原因還沒有查明前，紅牛飲料還不能定論為「問題產品」；而第二點紅牛做得非常及時和完善。在反映速度上，也可以說是比較迅速的。

當然，紅牛事件的危機處理中還存在著幾點欠缺。

首先，紅牛公司沒有對 3 名瑞典青年因喝了紅牛飲料而導致死亡的事件展開調查，使該事件一直沒有明確的答案，也沒有權威機構發表聲明，表明紅牛飲料與 3 名瑞典青年的死亡無

關。這樣，紅牛公司不管如何爲紅牛飲料的安全性辯護，但沒有從根本上消除人們對紅牛飲料安全性的顧慮，也就是說，紅牛公司在危機反應中，沒有解決危機的重要方面（即紅牛飲料與3名瑞典青年的死亡無關）。

其次，紅牛飲料的安全性在醫學理論上缺乏強有力的說服力。紅牛公司只是證明了喝一瓶或少量的紅牛飲料是安全的，如一罐紅牛飲料的咖啡因含量爲 50 毫克，該含量低於一杯咖啡或袋泡茶，但不能說明大量飲用是否安全，所以不少專家對功能飲料的普及也表示出了一些擔憂。

在商業活動中，經營管理不善、市場訊息不足、同行競爭、甚至；遭遇惡意破壞等，加之其他自然災害、事故，都使得現在大大小小的企業危機四伏。所有這些危機、事故和災難作爲一種公共事件，任何組織在危機中採取的行動，都會受到公眾的審視。一個組織如果在危機處理方面採取的措施失當，將使企業的品牌形象和企業信譽受到致命打擊，甚至危及生存。

心得欄

◎案例 6　普利斯通公司輪胎召回事件

召回制度，就是投放市場的產品，發現由於當時不可預見的設計或製造方面的原因，存在缺陷，不符合有關的法規、標準，有可能導致安全及環保問題，廠家回收已投放市場的產品進行改造或處理，以消除事故隱患。同時，廠家還有義務讓用戶及時瞭解有關情況。召回制度不同於一般的產品品質保證，它發生的概率很小，在發生前很難對它可能影響的範圍、金額做出合理估計；而一旦發生，它又會對製造廠商的損益產生重大影響，如果處理得不好，甚至關係到企業的品牌和生存。

一、決策背景

2000 年 8 月 9 日，日本普利斯通公司的子公司普利斯通/費爾斯通公司(簡稱 BFS 公司)在美國發佈輪胎召回公告。2000 年 9 月 6 日，普利斯通公司首席執行官 Yoichiro Kaizaki 先生正在他位於東京的辦公室和他的危機管理小組進行磋商。他們聚集在那裏正在觀看一場美國國會聽證會。這場聽證會是在 BFS 公司 2000 年 8 月 9 日召回 1440 萬輪胎之後進行的，與會代表指責製造商沒有採取足夠的措施來防止和輪胎有關的數百起交通事故。

這些交通事故絕大部份與福特汽車公司的暢銷運動型汽車

「福特探險者」有關。在這種汽車上，費爾斯通輪胎是一種外包生產的原裝配件。這次聽證會事關重大，它不僅影響公司將近一個世紀的企業聲譽，也將影響福特公司與 BFS 公司近百年的合作關係。

普利斯通公司 2000 年在世界輪胎和橡膠產品市場上處於領先地位，佔據了全球 18.8%的市場佔有率。日本輪胎製造商1999 年控制了全球輪胎市場 31%的市場佔有率，銷售收入達到695 億美元。而普利斯通公司長期以來在日本輪胎行業處於領先地位，該公司曾因為成功地收購了一家美國公司而聲名大振。普利斯通在全球輪胎市場非常活躍，它同時向汽車生產商和輪胎生產商出售輪胎，通過他們將輪胎提供給消費者。

普利斯通公司的前身是普利斯通輪胎公司，成立於 1931年。創始人的家族姓氏叫「石橋」，他的家族企業從制鞋業進入輪胎業，成為日本第一家輪胎製造企業。到 20 世紀 70 年代末，普利斯通公司的銷售收入達到 20 億美元，利潤達到 1 億美元。之後，普利斯通公司開始進軍北美市場。1982 年，普利斯通公司以 5200 萬美元收購了費爾斯通公司在美國田納西州的一個卡車子午線輪胎工廠。費爾斯通輪胎橡膠公司成立於 1900 年，創始人是哈威‧費爾斯通。該公司最初是美國國內的一個輪胎經銷商，主要銷售運輸車輛和商用車輛使用的固體輪胎，在美國佔據了很大市場，並由此成為美國的一家主要輪胎製造商。

1987 年底，普利斯通公司和費爾斯通公司開始了有關合作的談判。幾個月後，兩家公司達成一致，由普利斯通公司出資12.5 億美元購買費爾斯通公司 75%的股票。這在當時是規模最

大的一項非美國企業對美國企業的收購活動。北美輪胎行業的專家對這次收購並不看好。併購三年之後，BFS 公司的績效很不理想，1990 年虧損 3.1 億美元。到 1991 年春天，BFS 的 6 名董事會成員中，來自日本的管理人員佔 4 名。雖然 Yeiri 先生允諾 1992 年 BFS 公司將扭虧爲盈，但他並沒對專家隊伍進行改組。他把希望寄託在普利斯通公司派駐美國的專家 Yoichiro Kaizaki 身上，希望他能挽救虧損的工廠。Yoichiro Kaizaki 當時是普利斯通負責化工產品的高級副總裁。

1993 年，Yoichiro Kaizaki 被提升爲普利斯通公司的首席執行官，回到東京，接替了退休的 Yeiri 的職務。

二、決策分析

1993 年，Kaizaki 回到東京。由於橡膠成本上升，日元不斷升值，市場銷售疲軟。Kaizaki 決定大幅削減普利斯通在日本的運營成本。他將管理人員的職位壓縮了一半，建立起扁平化的直線管理組織。過去，普利斯通公司的員工在日本行業裏的收入水準最高，Kaizaki 把員工工資增長幅度壓到最低。然而，Kaizaki 離開 BFS 公司不久，安全事故和勞資糾紛就紛至遝來，1993 年 10 月，一個工人在 BFS 公司位於奧克拉荷馬的工廠內壓碎了腦袋而氣絕身亡。1994 年 3 月，美國勞工部秘書長羅伯特·賴斯先生親自視察了這家工廠，並宣佈處以 750 萬美元的安全事故罰款。

Kaizaki 離職後不久，美國橡膠工人聯合工會(URW)的工人

運動變得非常激進，1994 年經過重新談判達成了新的勞工協議。工會在與一些主要的輪胎生產商簽訂了所謂的「示範協定」之後，要求輪胎行業的其他企業也接受類似的勞工協議。固特異公司和米其林公司都被迫同意在 3 年內將工資水準提高16%。然而，背負 20 億美元債務的 BFS 公司非但不想提高工資，相反卻打算降低工資水準。雙方談判達不到合作的結果，談判破裂。1994 年 7 月，BFS 公司位於奧克拉荷馬、迪凱特、得梅因以及諾布林斯維爾等地的 5 家工廠發生了聯合大罷工。罷工迫使 BFS 高價從日本購進輪胎，還延誤了農用汽車輪胎的供貨時間，給公司造成了巨大的損失。儘管如此，Kaizaki 並不想妥協退縮。雖然罷工仍在繼續，普利斯通公司 1995 年財政年度在北美地區的業務預計仍將贏利 1000 萬美元。

1995 年 2 月，當罷工進行到一半的時候，BFS 公司僱傭了2300 多名非工會成員的員工，用以永久性地代替參加罷工的工人。BFS 公司的這種做法也引起了當時美國政府的不滿，但 BFS 公司依然堅持強硬立場，這種強硬立場讓 URW 成員付出了慘重的代價。當一些工人不顧罷工糾察員的勸阻回到工廠時，得到的卻是永久解聘的通知。URW 的力量不斷被削弱。1995 年 5 月，當 URW 最終同意無條件恢復生產時，仍然有大約 1600 名 URW 成員處於失業狀態。

雖然輿論批評不斷，Kaizaki 的改革策略卻收到了非常理想的效果。普利斯通公司和 BFS 公司的利潤都達到了前所未有的水準。1999 年，BFS 公司的員工達到 35000 人，原裝輪胎市場的銷售量達到 7700 萬隻，佔美國全國原裝輪胎市場的 23%；

替換輪胎市場銷售量達到 24100 萬隻,佔替換輪胎市場的 17%。

在普利斯通公司被迫召回美國國內的輪胎之前,福特公司自 1999 年以來就開始爲其他 16 個國家和地區的汽車更換同樣的或類似的輪胎。費爾斯通品牌的輪胎在厄瓜多爾、馬來西亞、泰國、新加坡和大多數阿拉伯國家都被替換。福特公司自己承擔了替換這些輪胎的成本和費用。BFS 公司則堅持認爲輪胎事故是由於惡劣的外部條件或不正確的充氣方式導致的,輪胎製造過程本身並不存在缺陷。2005 年 5 月,福特公司爲委內瑞拉境內的 4 萬輛裝備費爾斯通輪胎的汽車更換了輪胎,替換成相同型號的固特異輪胎,而所有被更換的輪胎都產自 BFS 公司在委內瑞拉的工廠。在普利斯通公司內部,由於費爾斯通品牌輪胎出現的品質問題,往往是由 BFS 公司自行解決。

但如果是費爾斯通品牌的輪胎出現了問題,他們總是無動於衷。在生產製造過程中,對於費爾斯通品牌輪胎的控制標準也比普利斯通品牌相對寬鬆,普利斯通允許 BFS 在生產製造過程中擁有相當大的自主權。

三、決策行動

1.宣佈對費爾斯通輪胎召回的決定

1997 年開始,有關費爾斯通輪胎的糾紛和訴訟不斷增加,相應的訴訟費用也不斷增長,公司內部的季度財務會議上對此也進行過討論。有關爭議和訴訟並沒有引起 BFS 公司領導的足夠重視。到 2000 年 8 月,BFS 公司已經涉人 1500 起由於輪胎

品質問題導致的財產損失和人身傷亡的訴訟。其中多數來自加利福尼亞、德克薩斯、佛羅里達和亞利桑那，在保修期內要求更換輪胎的數量還在不斷上升。

2000 年 8 月 8 日，BFS 公司和福特公司聯合發佈對費爾斯通輪胎實行召回的意向。第二天，在福特公司代表的陪同下，BFS 公司的克裏格宣佈了召回輪胎的決定。美國的分銷商西爾斯和羅巴克也早已把費爾斯通輪胎撤下了貨架。消費者要求更換輪胎的需求急劇增長。BFS 公司被迫從日本空運輪胎以滿足消費者的需要。截至 2000 年 8 月底，BFS 估計換掉了大約 100 萬隻輪胎。

2.君子協定的破裂

在 BFS 公司宣佈召回輪胎之後的一個星期內，福特和費爾斯通之間的君子協定就開始破裂。福特公司開始指責 BFS 隱瞞有關輪胎返修的情況。2000 年 8 月 11 日，福特公司的執行董事馬佐林發表講話要求 Kaizaki 對這場危機承擔「個人責任」。福特公司的首席執行官納瑟發表聲明說：「配備費爾斯通輪胎的福特探險者汽車發生翻車，問題在於輪胎而不在於汽車。」

Kaizaki 對此非常氣憤，他覺得自己被背叛了。「我們在極力與福特公司合作，儘量遵守當時雙方達成的約定。」他說，「但是，他們違背了自己的諾言。」

召回事件對普利斯通公司帶來了巨大的財務損失，股價下跌，訂貨銳減，投資評級也明顯下降。隨著美國國會聽證日期的臨近，福特公司的股價下降了 15%，而普利斯通的股價下跌了 50%。雖然如此，Kaizaki 仍然表示「將竭盡普利斯通集團的

全部力量來支援費爾斯通品牌。」

四、決策評價

存在產品召回情況的公司都不盡相同。大量產品產生召回問題，有的是因為設計問題，有的是因為品質問題，也有的是因為新的科學數據發現原有安全的產品現有不安全因素，也有產品是由於被污染或被人為破壞而導致對人有害等情況。

BFS 公司召回輪胎並不是輪胎行業第一次出現產品召回事件。對於輪胎行業來說，經常因為產品品質和設計而進行產品召回，因此輪胎界的管理人員有時對輪胎召回司空見慣，經常對問題的嚴重性缺乏警覺。最開始，BFS 公司超常發展，迅速搶佔了大量佔有率，但其中就隱藏著它的品質問題。

危機發生後，如果公司領導人的心態只是想把門堵上，以期問題自行消解的話，問題永遠不會得到解決。在輪胎問題出現後，BFS 公司不願意向消費者和政府通報情況。他們認為這會引起美國和其他國家政府的關注，採取更加激進的應對措施。

從整個普利斯通公司輪胎召回事件中，哈佛商學院教授唐納‧薩爾為企業總結了幾點經驗教訓：

1.要從小的失敗和損失中學習

人在成功時，往往由於慶祝而疏於總結；在遭遇大的挫折時，往往因為太痛苦，也不利於學習。只有小的挫敗，才是最好的學習機會。用小的危機來學習危機管理，反思那裏做得好，那裏還有不足，下一次應如何從事。這樣公司才能逐漸成為一

個學習型組織，將危機管理知識系統化。當下一次危機來臨時，公司才有一定的原則來解決。

2. 及時考慮從何種角度來看待危機

危機固然是危機，但從不同方面看，一個危機呈現很不一樣的問題：如這是個商業問題還是法律問題？是短期問題還是長期問題？根據以往眾多危機管理的事例，把著眼點放在公司的長期，站在更廣泛，如社會的、倫理的角度來把握一個危機，會更有助於危機根本性的解決。

3. 善於傾聽外部不同的聲音和資訊

通過對外部不同聲音和資訊的傾聽能夠幫助公司從不同的角度看待問題。這種不同聲音可以來自公司的合作夥伴，用戶、供應商、代理商、政府部門、消費者團體等。

4. 要善於運用小危機解決大問題

稱職的管理人員，在他們的頭腦中，一直把危機看作機會。他們為了公司的長遠利益，甚至製造危機以推動公司的變革。

心得欄

圖 書 出 版 目 錄

下列圖書是由憲業企管顧問(集團)公司所出版，以專業立場，為企業界提供最專業的各種經營管理類圖書。

1. 傳播書香社會，凡向本出版社購買(或郵局劃撥購買)，一律 9 折優惠。
   服務電話(02) 27622241　(03) 9310960　　傳真(02) 27620377
2. 請將書款用 ATM 自動扣款轉帳到我公司下列的銀行帳戶。
   銀行名稱：合作金庫銀行　　帳號：5034-717-347447
   公司名稱：憲業企管顧問有限公司
3. 郵局劃撥號碼：18410591　　郵局劃撥戶名：憲業企管顧問公司
4. 圖書出版資料隨時更新，請見網站　www.bookstore99.com
5. ▌電子雜誌贈品▐　回饋讀者，免費贈送《環球企業內幕報導》電子報，
   請將你的 e-mail、姓名，告訴我們編輯部郵箱 huang2838@yahoo.com.tw
   即可。

──── 經營顧問叢書 ────

4	目標管理實務	320 元	26	松下幸之助經營技巧	360 元
5	行銷診斷與改善	360 元	32	企業併購技巧	360 元
6	促銷高手	360 元	33	新產品上市行銷案例	360 元
7	行銷高手	360 元	46	營業部門管理手冊	360 元
8	海爾的經營策略	320 元	47	營業部門推銷技巧	390 元
9	行銷顧問師精華輯	360 元	52	堅持一定成功	360 元
13	營業管理高手(上)	一套	56	對準目標	360 元
14	營業管理高手(下)	500 元	58	大客戶行銷戰略	360 元
16	中國企業大勝敗	360 元	60	寶潔品牌操作手冊	360 元
18	聯想電腦風雲錄	360 元	71	促銷管理(第四版)	360 元
19	中國企業大競爭	360 元	72	傳銷致富	360 元
21	搶灘中國	360 元	73	領導人才培訓遊戲	360 元
25	王永慶的經營管理	360 元	76	如何打造企業贏利模式	360 元

77	財務查帳技巧	360 元	132	有效解決問題的溝通技巧	360 元
78	財務經理手冊	360 元	133	總務部門重點工作	360 元
79	財務診斷技巧	360 元	135	成敗關鍵的談判技巧	360 元
80	內部控制實務	360 元	137	生產部門、行銷部門績效考核手冊	360 元
81	行銷管理制度化	360 元			
82	財務管理制度化	360 元	138	管理部門績效考核手冊	360 元
83	人事管理制度化	360 元	139	行銷機能診斷	360 元
84	總務管理制度化	360 元	140	企業如何節流	360 元
85	生產管理制度化	360 元	141	責任	360 元
86	企劃管理制度化	360 元	142	企業接棒人	360 元
88	電話推銷培訓教材	360 元	144	企業的外包操作管理	360 元
90	授權技巧	360 元	145	主管的時間管理	360 元
91	汽車販賣技巧大公開	360 元	146	主管階層績效考核手冊	360 元
92	督促員工注重細節	360 元	147	六步打造績效考核體系	360 元
94	人事經理操作手冊	360 元	148	六步打造培訓體系	360 元
97	企業收款管理	360 元	149	展覽會行銷技巧	360 元
98	主管的會議管理手冊	360 元	150	企業流程管理技巧	360 元
100	幹部決定執行力	360 元	152	向西點軍校學管理	360 元
106	提升領導力培訓遊戲	360 元	153	全面降低企業成本	360 元
112	員工招聘技巧	360 元	154	領導你的成功團隊	360 元
113	員工績效考核技巧	360 元	155	頂尖傳銷術	360 元
114	職位分析與工作設計	360 元	156	傳銷話術的奧妙	360 元
116	新產品開發與銷售	400 元	158	企業經營計劃	360 元
122	熱愛工作	360 元	159	各部門年度計劃工作	360 元
124	客戶無法拒絕的成交技巧	360 元	160	各部門編制預算工作	360 元
125	部門經營計劃工作	360 元	163	只為成功找方法，不為失敗找藉口	360 元
127	如何建立企業識別系統	360 元			
128	企業如何辭退員工	360 元	167	網路商店管理手冊	360 元
129	邁克爾·波特的戰略智慧	360 元	168	生氣不如爭氣	360 元
130	如何制定企業經營戰略	360 元	170	模仿就能成功	350 元
131	會員制行銷技巧	360 元	171	行銷部流程規範化管理	360 元

172	生產部流程規範化管理	360 元	209	鋪貨管理技巧	360 元
173	財務部流程規範化管理	360 元	210	商業計劃書撰寫實務	360 元
174	行政部流程規範化管理	360 元	212	客戶抱怨處理手冊(增訂二版)	360 元
176	每天進步一點點	350 元	214	售後服務處理手冊(增訂三版)	360 元
177	易經如何運用在經營管理	350 元	215	行銷計劃書的撰寫與執行	360 元
178	如何提高市場佔有率	360 元	216	內部控制實務與案例	360 元
180	業務員疑難雜症與對策	360 元	217	透視財務分析內幕	360 元
181	速度是贏利關鍵	360 元	219	總經理如何管理公司	360 元
182	如何改善企業組織績效	360 元	222	確保新產品銷售成功	360 元
183	如何識別人才	360 元	223	品牌成功關鍵步驟	360 元
184	找方法解決問題	360 元	224	客戶服務部門績效量化指標	360 元
185	不景氣時期，如何降低成本	360 元	226	商業網站成功密碼	360 元
186	營業管理疑難雜症與對策	360 元	227	人力資源部流程規範化管理（增訂二版）	360 元
187	廠商掌握零售賣場的竅門	360 元	228	經營分析	360 元
188	推銷之神傳世技巧	360 元	229	產品經理手冊	360 元
189	企業經營案例解析	360 元	230	診斷改善你的企業	360 元
191	豐田汽車管理模式	360 元	231	經銷商管理手冊(增訂三版)	360 元
192	企業執行力（技巧篇）	360 元	232	電子郵件成功技巧	360 元
193	領導魅力	360 元	233	喬·吉拉德銷售成功術	360 元
194	注重細節（增訂四版）	360 元	234	銷售通路管理實務〈增訂二版〉	360 元
197	部門主管手冊(增訂四版)	360 元	235	求職面試一定成功	360 元
198	銷售說服技巧	360 元	236	客戶管理操作實務〈增訂二版〉	360 元
199	促銷工具疑難雜症與對策	360 元	237	總經理如何領導成功團隊	360 元
200	如何推動目標管理（第三版）	390 元	238	總經理如何熟悉財務控制	360 元
201	網路行銷技巧	360 元	239	總經理如何靈活調動資金	360 元
202	企業併購案例精華	360 元	240	有趣的生活經濟學	360 元
204	客戶服務部工作流程	360 元	241	業務員經營轄區市場（增訂二版）	360 元
205	總經理如何經營公司(增訂二版)	360 元			
206	如何鞏固客戶（增訂二版）	360 元			
207	確保新產品開發成功（增訂三版）	360 元			
208	經濟大崩潰	360 元			

242	搜索引擎行銷	360 元		37	速食店操作手冊〈增訂二版〉	360 元
243	如何推動利潤中心制度（增訂二版）	360 元		38	網路商店創業手冊〈增訂二版〉	360 元
244	經營智慧	360 元		**《工廠叢書》**		
245	企業危機應對實戰技巧	360 元		1	生產作業標準流程	380 元
246	行銷總監工作指引	360 元		5	品質管理標準流程	380 元
《商店叢書》				6	企業管理標準化教材	380 元
4	餐飲業操作手冊	390 元		9	ISO 9000 管理實戰案例	380 元
5	店員販賣技巧	360 元		10	生產管理制度化	360 元
9	店長如何提升業績	360 元		11	ISO 認證必備手冊	380 元
10	賣場管理	360 元		12	生產設備管理	380 元
11	連鎖業物流中心實務	360 元		13	品管員操作手冊	380 元
12	餐飲業標準化手冊	360 元		15	工廠設備維護手冊	380 元
13	服飾店經營技巧	360 元		16	品管圈活動指南	380 元
14	如何架設連鎖總部	360 元		17	品管圈推動實務	380 元
18	店員推銷技巧	360 元		20	如何推動提案制度	380 元
19	小本開店術	360 元		24	六西格瑪管理手冊	380 元
20	365 天賣場節慶促銷	360 元		29	如何控制不良品	380 元
21	連鎖業特許手冊	360 元		30	生產績效診斷與評估	380 元
23	店員操作手冊（增訂版）	360 元		31	生產訂單管理步驟	380 元
25	如何撰寫連鎖業營運手冊	360 元		32	如何藉助 IE 提升業績	380 元
26	向肯德基學習連鎖經營	350 元		34	如何推動 5S 管理（增訂三版）	380 元
28	店長操作手冊（增訂三版）	360 元		35	目視管理案例大全	380 元
29	店員工作規範	360 元		36	生產主管操作手冊(增訂三版)	380 元
30	特許連鎖業經營技巧	360 元		38	目視管理操作技巧(增訂二版)	380 元
32	連鎖店操作手冊(增訂三版)	360 元		39	如何管理倉庫（增訂四版）	380 元
33	開店創業手冊〈增訂二版〉	360 元		40	商品管理流程控制(增訂二版)	380 元
34	如何開創連鎖體系〈增訂二版〉	360 元		42	物料管理控制實務	380 元
35	商店標準操作流程	360 元		43	工廠崗位績效考核實施細則	380 元
36	商店導購口才專業培訓	360 元		46	降低生產成本	380 元

47	物流配送績效管理	380 元
49	6S 管理必備手冊	380 元
50	品管部經理操作規範	380 元
51	透視流程改善技巧	380 元
55	企業標準化的創建與推動	380 元
56	精細化生產管理	380 元
57	品質管制手法〈增訂二版〉	380 元
58	如何改善生產績效〈增訂二版〉	380 元
59	部門績效考核的量化管理〈增訂三版〉	380 元
60	工廠管理標準作業流程	380 元
61	採購管理實務〈增訂三版〉	380 元
62	採購管理工作細則	380 元

《醫學保健叢書》

1	9 週加強免疫能力	320 元
2	維生素如何保護身體	320 元
3	如何克服失眠	320 元
4	美麗肌膚有妙方	320 元
5	減肥瘦身一定成功	360 元
6	輕鬆懷孕手冊	360 元
7	育兒保健手冊	360 元
8	輕鬆坐月子	360 元
9	生男生女有技巧	360 元
10	如何排除體內毒素	360 元
11	排毒養生方法	360 元
12	淨化血液　強化血管	360 元
13	排除體內毒素	360 元
14	排除便秘困擾	360 元

15	維生素保健全書	360 元
16	腎臟病患者的治療與保健	360 元
17	肝病患者的治療與保健	360 元
18	糖尿病患者的治療與保健	360 元
19	高血壓患者的治療與保健	360 元
21	拒絕三高	360 元
22	給老爸老媽的保健全書	360 元
23	如何降低高血壓	360 元
24	如何治療糖尿病	360 元
25	如何降低膽固醇	360 元
26	人體器官使用說明書	360 元
27	這樣喝水最健康	360 元
28	輕鬆排毒方法	360 元
29	中醫養生手冊	360 元
30	孕婦手冊	360 元
31	育兒手冊	360 元
32	幾千年的中醫養生方法	360 元
33	免疫力提升全書	360 元
34	糖尿病治療全書	360 元
35	活到 120 歲的飲食方法	360 元
36	7 天克服便秘	360 元
37	為長壽做準備	360 元

《幼兒培育叢書》

1	如何培育傑出子女	360 元
2	培育財富子女	360 元
3	如何激發孩子的學習潛能	360 元
4	鼓勵孩子	360 元
5	別溺愛孩子	360 元
6	孩子考第一名	360 元

7	父母要如何與孩子溝通	360 元
8	父母要如何培養孩子的好習慣	360 元
9	父母要如何激發孩子學習潛能	360 元
10	如何讓孩子變得堅強自信	360 元

《成功叢書》

1	猶太富翁經商智慧	360 元
2	致富鑽石法則	360 元
3	發現財富密碼	360 元

《企業傳記叢書》

1	零售巨人沃爾瑪	360 元
2	大型企業失敗啟示錄	360 元
3	企業併購始祖洛克菲勒	360 元
4	透視戴爾經營技巧	360 元
5	亞馬遜網路書店傳奇	360 元
6	動物智慧的企業競爭啟示	320 元
7	CEO 拯救企業	360 元
8	世界首富　宜家王國	360 元
9	航空巨人波音傳奇	360 元
10	傳媒併購大亨	360 元

《智慧叢書》

1	禪的智慧	360 元
2	生活禪	360 元
3	易經的智慧	360 元
4	禪的管理大智慧	360 元
5	改變命運的人生智慧	360 元
6	如何吸取中庸智慧	360 元
7	如何吸取老子智慧	360 元
8	如何吸取易經智慧	360 元
9	經濟大崩潰	360 元

10	有趣的生活經濟學	360 元

《DIY 叢書》

1	居家節約竅門 DIY	360 元
2	愛護汽車 DIY	360 元
3	現代居家風水 DIY	360 元
4	居家收納整理 DIY	360 元
5	廚房竅門 DIY	360 元
6	家庭裝修 DIY	360 元
7	省油大作戰	360 元

《傳銷叢書》

4	傳銷致富	360 元
5	傳銷培訓課程	360 元
7	快速建立傳銷團隊	360 元
9	如何運作傳銷分享會	360 元
10	頂尖傳銷術	360 元
11	傳銷話術的奧妙	360 元
12	現在輪到你成功	350 元
13	鑽石傳銷商培訓手冊	350 元
14	傳銷皇帝的激勵技巧	360 元
15	傳銷皇帝的溝通技巧	360 元
16	傳銷成功技巧（增訂三版）	360 元
17	傳銷領袖	360 元

《財務管理叢書》

1	如何編制部門年度預算	360 元
2	財務查帳技巧	360 元
3	財務經理手冊	360 元
4	財務診斷技巧	360 元
5	內部控制實務	360 元
6	財務管理制度化	360 元
8	財務部流程規範化管理	360 元
9	如何推動利潤中心制度	360 元

《培訓叢書》

4	領導人才培訓遊戲	360 元
8	提升領導力培訓遊戲	360 元
11	培訓師的現場培訓技巧	360 元
12	培訓師的演講技巧	360 元
14	解決問題能力的培訓技巧	360 元
15	戶外培訓活動實施技巧	360 元
16	提升團隊精神的培訓遊戲	360 元
17	針對部門主管的培訓遊戲	360 元
18	培訓師手冊	360 元
19	企業培訓遊戲大全（增訂二版）	360 元
20	銷售部門培訓遊戲	360 元
21	培訓部門經理操作手冊（增訂三版）	360 元

為方便讀者選購，本公司將一部分上述圖書又加以專門分類如下：

《企業制度叢書》

1	行銷管理制度化	360 元
2	財務管理制度化	360 元
3	人事管理制度化	360 元
4	總務管理制度化	360 元
5	生產管理制度化	360 元
6	企劃管理制度化	360 元

《主管叢書》

1	部門主管手冊	360 元
2	總經理行動手冊	360 元
4	生產主管操作手冊	380 元
5	店長操作手冊（增訂版）	360 元
6	財務經理手冊	360 元
7	人事經理操作手冊	360 元

8	行銷總監工作指引	360 元

《總經理叢書》

1	總經理如何經營公司(增訂二版)	360 元
2	總經理如何管理公司	360 元
3	總經理如何領導成功團隊	360 元
4	總經理如何熟悉財務控制	360 元
5	總經理如何靈活調動資金	360 元

《人事管理叢書》

1	人事管理制度化	360 元
2	人事經理操作手冊	360 元
3	員工招聘技巧	360 元
4	員工績效考核技巧	360 元
5	職位分析與工作設計	360 元
6	企業如何辭退員工	360 元
7	總務部門重點工作	360 元
8	如何識別人才	360 元
9	人力資源部流程規範化管理（增訂二版）	360 元

《理財叢書》

1	巴菲特股票投資忠告	360 元
2	受益一生的投資理財	360 元
3	終身理財計劃	360 元
4	如何投資黃金	360 元
5	巴菲特投資必贏技巧	360 元
6	投資基金賺錢方法	360 元
7	索羅斯的基金投資必贏忠告	360 元
8	巴菲特為何投資比亞迪	360 元

《網路行銷叢書》

1	網路商店創業手冊〈增訂二版〉	360 元
2	網路商店管理手冊	360 元

3	網路行銷技巧	360 元
4	商業網站成功密碼	360 元
5	電子郵件成功技巧	360 元
6	搜索引擎行銷	360 元

《經濟叢書》

| 1 | 經濟大崩潰 | 360 元 |
| 2 | 石油戰爭揭秘(即將出版) | |

建立企業圖書館

當市場競爭激烈時：

培訓員工，強化員工競爭力 是企業最佳對策

「人才」是企業最大的財富。如何提升人才，是企業永續經營、戰勝對手的核心競爭力。積極培訓公司內部員工，是經濟不景氣時期的最佳戰略，而最快速的具體作法，就是**「建立企業內部圖書館，鼓勵員工多閱讀、多進修專業書籍」**

建議您：請一次購足本公司所出版各種經營管理類圖書，作為貴公司內部員工培訓圖書。（使用率高的，準備多本；使用率低的，只準備一本。）

如何藉助流程改善，

提升企業績效呢？

敬請參考下列各書，內容保證精彩：

- 企業流程管理技巧（360 元）
- 工廠流程管理（380 元）
- 商品管理流程控制（380 元）
- 如何改善企業組織績效（360 元）

上述各書均有在書店陳列販賣，若書店賣完，而來不及由庫存書補充上架，請讀者直接向店員詢問、購買，最快速、方便！

請透過郵局劃撥購買：

郵局戶名：憲業企管顧問公司

郵局帳號：18410591

最暢銷的企業培訓叢書

	名稱	說明	特價
1	培訓遊戲手冊	書	360 元
2	業務部門培訓遊戲	書	360 元
3	企業培訓技巧	書	360 元
4	企業培訓講師手冊	書	360 元
5	部門主管培訓遊戲	書	360 元
6	團隊合作培訓遊戲	書	360 元
7	領導人才培訓遊戲	書	360 元
8	部門主管手冊	書	360 元
9	總經理工作重點	書	360 元
10	企業培訓遊戲大全	書	360 元
11	提升領導力培訓遊戲	書	360 元
12	培訓部門經理操作手冊	書	360 元
13	專業培訓師操作手冊	書	360 元
14	培訓師的現場培訓技巧	書	360 元
15	培訓師的演講技巧	書	360 元

上述各書均有在書店陳列販賣，若書店賣完，而來不及由庫存書補充上架，請讀者直接向店員詢問、購買，最快速、方便！

請透過郵局劃撥購買：

　　　戶名：憲業企管顧問公司

　　　帳號：18410591

最暢銷的《企業制度叢書》

	名稱	說明	特價
1	行銷管理制度化	書	360 元
2	財務管理制度化	書	360 元
3	人事管理制度化	書	360 元
4	總務管理制度化	書	360 元
5	生產管理制度化	書	360 元
6	企劃管理制度化	書	360 元

　　上述各書均有在書店陳列販賣，若書店賣完，而來不及由庫存書補充上架，請讀者直接向店員詢問、購買，最快速、方便！

請透過郵局劃撥購買：

　　郵局戶名：憲業企管顧問公司

　　郵局帳號：18410591

回饋讀者，免費贈送《環球企業內幕報導》或《發現幸福》
電子報，請將你的姓名、選擇贈品(二選一)，發 e-mail，告訴我
們 huang2838@yahoo.com.tw 即可。

經營顧問叢書㉕   售價：360 元

企業危機應對實戰技巧

西元二〇一〇年十月   初版一刷

編輯指導：黃憲仁
編著：林松樹
策劃：麥可國際出版有限公司（新加坡）
編輯：蕭玲
校對：焦俊華
發行人：黃憲仁
發行所：憲業企管顧問有限公司
電話：(02) 2762-2241　　(03) 9310960　　0930872873
臺北聯絡處：臺北郵政信箱第 36 之 1100 號
銀行 ATM 轉帳：合作金庫銀行　　帳號：5034-717-347447
郵政劃撥：18410591　　憲業企管顧問有限公司
江祖平律師顧問：紙品書、數位書著作權與版權均歸本公司所有
登記證：行政業新聞局版台業字第 6380 號
　　　本公司徵求海外版權出版代理商（0930872873）

ISBN：978-986-6421-74-7

擴大編制，誠徵新加坡、臺北編輯人員，請來函接洽。